QINGSHAONIAN ZIWO
BAOHU NENGLI DE PEIYANG

青少年自我
保护能力的培养

史毅军 编著

中国出版集团
现代出版社

图书在版编目（CIP）数据

青少年自我保护能力的培养 / 史毅军编著 . — 北京：
现代出版社，2011. 9（2025 年 1 月重印）
ISBN 978 - 7 - 5143 - 0304 - 9

Ⅰ . ①青… Ⅱ . ①史… Ⅲ . ①安全教育 – 青年读物
②安全教育 – 少 – 年读物 Ⅳ . ①X925 – 49

中国版本图书馆 CIP 数据核字（2011）第 146300 号

青少年自我保护能力的培养

编　　著	史毅军
责任编辑	陈田田
出版发行	现代出版社
地　　址	北京市安定门外安华里 504 号
邮政编码	100011
电　　话	010 - 64267325　010 - 64245264（兼传真）
网　　址	www. 1980xd. com
电子信箱	xiandai@ vip. sina. com
印　　刷	三河市人民印务有限公司
开　　本	710mm×1000mm　1/16
印　　张	13
版　　次	2011 年 10 月第 1 版　2025 年 1 月第 9 次印刷
书　　号	ISBN 978 - 7 - 5143 - 0304 - 9
定　　价	49. 80 元

前　言

　　青少年是早晨八九点钟的太阳，是祖国未来的栋梁之才。未来社会建设的重任就落在了青少年的肩上。青少年正处在长身体、长知识的重要时期。他们的身体和心理能否健康发展，对"保护希望，保护未来"，对未来社会公民素质的提高和国家、民族的前途，都有着十分重要的意义。

　　进入 21 世纪以后，随着经济的发展和社会的进步，随着教育改革的深入，广大中小学生的活动领域越来越宽，接触的事物也越来越多，这对青少年的成长是十分有利的。但是，事物是矛盾的统一体。中小学生活动领域的拓宽、接触事物的增多有有利的一面，也有不利的一面。一些社会上的不良因素对中小学生的身心健康，甚至人身安全都构成了严重的威胁。

　　由此可见，保护中小学生身心安全的工作越来越困难了，所以加强对青少年生命的保护是全社会的责任。但是，只有社会的保护是不够的，还需要增强中小学生的自我保护意识，提高他们自我保护的能力。

　　有鉴于此，我们组织编写了这本《青少年自我保护能力的培养》。本书多角度、多方面介绍了中小学生培养自我保护能力的方法。书中既介绍了中小学生应该如何完善自己的法制和权益意识，也介绍了中小学生在日常生活中应该如何注意居家、交通、饮食的安全；既介绍了中小学生应该如何在人际交往中保护自己，也介绍了中小学生保持健康心理、规避青春期性伤害、在网络中保护自己的方法。另外，书中还介绍了一些中小学生自己可以操作的自救措施和方法。

　　我们相信，广大中小学生在阅读了本书以后，一定会有收获的！希望广大中小学生在日常生活、学习中按照书中介绍的方法不断提高自我保护能力。

目　录

应对突发灾害的自救技巧

自我保护是人生的必修课

自我保护能力的欠缺

当前，我国中小学生的自我保护意识和自我保护能力都非常欠缺。据《烟台日报》报道，由于缺乏自救意识和自我保护、自我防范意识，2004年7月份，福山某中学的18岁高三女生林某在见网友的时候，被网友在其毫不设防的情况下带到租住处强奸。2004年8月中旬，两名被迫卖淫的少女被招远警方解救出来，她们原本都是在校的高中生，刚满18岁，由于轻信网友、陌生人，以至落入了犯罪分子的陷阱……

与之相比，那些自救意识和能力较强的中小学生则幸运得多。2003年12月23日，家住莱阳市梨园小区年仅10岁的女孩刘某，在放学回家发现家里有异常情况后机智报警，使煤气中毒的母亲转危为安。

无独有偶，2004年10月中旬，莱阳市一名15岁的初中男生在校园内遭遇陌生人施用迷药进行绑架，在绑匪车上有了清醒的意识后，他机智地制造了一起小车祸趁乱逃脱，并及时报案，从而避免了一场威胁自己生命的恶性案件。

从媒体报道来看，当前，交通伤害、意外伤害、校园不安全设施、校园暴力、家庭矛盾等正日益侵害着未成年人的生命健康权、受教育权等诸多权益的享有。

调查显示，在交通事故、玩耍受伤、食物中毒、运动受伤等"感觉危险最大的12种安全隐患"中，排在前3项的分别是"交通事故"、"上学或放学路上被劫"、"玩耍受伤",排在最后一项的是"性伤害"。56.82%的中小学未成年人都表示"害怕自己在公共场所受到伤害"。

有数据显示,与高发的安全事故及其隐患形成鲜明对比的是,少年儿童对安全事故的防范意识却很差,当被问到"如果上学快迟到了,在过马路时正好赶上红灯,你会怎样"时,6.2%的被访者选择了"赶紧过马路",9.6%选择了"旁边有人过就跟着过",27.4%选择了"车辆少,就小心地穿过马路",3项累计高达43.2%。少年儿童在安全和防范意识方面的缺失严重。

相对于交通事故,触电、溺水等问题也成为中小学生在课余时间容易发生的事故,很多药品或食品上明确标识有"请放到孩子不能接触的地方",而日常的电器上并没有写这些注意事项,往往容易使家长疏忽。

除了这些,广大中小学生在学校里也很容易受到伤害。2003年9月23日晚6时50分,内蒙古自治区丰镇市第二中学教学楼晚自习结束后,1500多名学生从东西两个楼道口,在没有任何照明的条件下,蜂拥下楼。在西楼道接近一楼的最后四五个台阶处,楼梯护栏突然坍塌,前面的学生纷纷扑倒在地,后面的学生看不清,仍然纷纷往前拥挤,酿成21名学生死亡、47名学生受伤的惨剧。

一项调查显示,在中小学生的生活和学习环境中,家长最担心受到伤害的场所是学校。由团中央、教育部、公安部、全国少工委主办的"中国少年儿童平安行动",2003年在北京、天津、上海、湖南等10个省市,对容易引发中小学未成年人安全事故的内容、场所进行了调查,在中小学未成年人和家长提交的28570份有效答卷中,对孩子最容易受到伤害的场所,家长首选"学校",36.32%的家长选择"公共场所",10.44%的家长选择"大自然中",1.8%的家长选择"家里"。

有关人士指出,学校的各种通道以及楼道通过量应当与未成年人的人数成一定比例,通道或楼道过窄就可能造成拥挤并发生伤害事故,尤其是在中小学生下课、上操等人数相对集中的关键时间。如果再缺乏教师的相应安排和疏导,就更有可能发生伤害事故。

有调查显示,有16.8%的学校在中小学生下课或放学的时候经常有通道或楼道拥挤的现象,另有41.3%的学校偶尔有拥挤的现象,只有41.8%

学校没有。偏远地区的中小学，通道或楼道狭窄的情况尤其严重。

在所有的伤害之中，暴力侵扰事件对中小学生造成的影响最大。1998年11月18日深夜，发生在北京的"流星雨事件"，在全国引起强烈震动。一位14岁的少女凌晨外出观看流星雨，被人诱骗到一公园隐蔽处惨遭杀害。

在一些学校中，有的同学总是扮成类似像黑道大哥的人物，用各种理由，拿同学的东西用，"借"钱花，有的时候不遂他们的意，他们还会打人。很多同学对此都是敢怒而不敢言，就这样默默忍着。

据中国青少年犯罪研究会统计资料表明，近年，青少年犯罪总数已占到了全国刑事犯罪总数的70%以上。在经常涉足校园暴力的学生中，有27.9%的人认为"最好把所有的法律都废除"；有58.4%的人认为"为达目的可以不惜代价"；有45.9%的人表示"有时我想借故和别人打架"；有44.3%的人同意"我脑中常常出现一些坏的、可怕的字眼，无法摆脱它们"。

中小学生正处在一个特殊的成长时期，阅历相对简单、社会经验不够丰富，辨别是非的能力较弱，比较容易受到社会不良行为、自然灾害以及意外事故的伤害。然而，家庭和学校对于青少年自我保护和自救意识的重视和培养仍然不尽人意。

有关人士指出，现在青少年对法律知识了解得太少，考虑问题也太天真，这是导致被伤害的直接原因。然而直到现在，我们在谈青少年保护时，仍然偏重于家庭保护、学校保护和社会保护，而忽视了对青少年的自我保护和自救能力的培养。

保护青少年健康成长应包括2个方面的内容：（1）是对于青少年合法权益的关心和维护；（2）是教育青少年学会必要的知识和技能，提高自护能力。北京等城市兴起的"自护营"受到广大家长及未成年人的一致好评，反映出目前社会对自护教育的强烈需求。提高青少年自我保护意识，增强青少年自我保护能力，已迫在眉睫。

据"未成年人自我保护教育基地"培训教师介绍，基地活动采用学生参与的方式，开展丰富多彩的活动，有关于生存自护的图片展览、知心小聊吧活动、绿色网络活动等。每周四对各校中小学生开放。实践证明：通过专门培训，同学们的自我保护意识明显增强，减少了依赖性，比以前成熟多了。

♥ 社会文化的不良引导

目前，我国广大的中小学生之所以欠缺自我保护能力，除了前文中提到的青少年自身的原因外，还有一个重要的外因，那就是社会文化的不良引导。

在我国，长期以来，学校校园安全往往被局限在保障学生的生命安全不受意外事件的伤害和不法行为的侵害上。让未成年学生投身抗灾抢险、绝地营救或与侵害他人的暴力犯罪作斗争，被过分提倡和鼓励。

随着时间的推移，越来越多的人士对这一做法提出了质疑，并有不少地区的学校开始改变这一做法。

2001年，《宁波市学校安全条例》被宁波市人大列为当年立法计划，立法调研人员在全国各地和本市开展了广泛的实地走访、问卷调查、座谈以及典型案例研究，并10次修改条例草案，最终形成的条例对学校的各项安全措施、事故防范措施、应急机制以及相关责任均作了详细明确的规定。

从2004年1月1日起，宁波开始实施《宁波市学校安全条例》。该《条例》规定，学校不得组织未成年学生参加抢险、救灾等危险性活动。同时学校课程设置应当包含安全教育内容，学校不得擅自组织与教育、教学无关的活动；中小学校组织大型集体外出活动，必须经主管教育行政部门批准；学校组织学生参加劳动、教学或社会实践等教育教学活动，应当符合学生的心理、生理特征和身体健康状况；发生台风、洪水、地震等自然灾害和重大传染病等突发事件时，学校可以采取临时停课措施；在上学、放学期间，处于交通要道的中小学校应当在学校门口进行交通护导等。法律界人士认为，这些条款将使宁波未成年学生的生命健康权在更大范围内获得法律保障。

广州市一所中学的一位副校长指出，广州市目前还没有将"学校不得组织未成年学生参加抢险、救灾等活动"这样的规定写入法规，学校的校规也没有做明确规定，但学校一直都会在开学第一天对学生进行这样的安全教育，"在碰到突发性问题时，未成年学生应该首先想到的是如何保护自己"。"我们提倡学生用最好的方式达到最佳的效果，学生是受未成年法保护的，作为校方，我们绝不主张学生在自己安全受影响的情况下去见义勇为。"

广雅中学的校长表示，该校已经执行"绝不允许组织学生参与抢险、救灾活动"，如果学生出现上述个人行为，学校会立刻给予教育，"学生应该有自我保护意识"。

成长中的孩子，自我保护能力还很弱，在通常情况下，未成年人还不具备与违法犯罪分子或突发事件、自然灾害做直接面对面抗衡的能力，见义勇为的后果很可能是以付出生命为代价。我们更应该教会他们如何明辨是非，如何正确解决问题，如何用智慧去应对不可预测的事情，教导少年儿童在遇到危险时，首先是保护好自己，在此基础上选择报警、记住坏人特征、需要时出庭作证等等。

广东省见义勇为基金会一位负责人反映，该基金会在对未成年人见义勇为行为做表彰的同时，也会对其所在学校的老师、家长建议：要做好孩子的安全教育。对一些因见义勇为而伤残甚至死亡的未成年人事迹，在表彰时低调处理，并不去大张旗鼓地宣传。他认为，对孩子应以自我保护为出发点，是否要"勇为"，必须看身体条件是否许可：比如说初中生、小学生遇到坏人坏事，就应该向警方报告，不要去和坏人硬拼，那是无谓的牺牲；高中生身体条件比较强壮的就可以挺身而出，一切应以时间地点为转移。

再比如说，看到有人溺水了，不会游泳的、水性不好的就不要下水去救了，那也是无谓的牺牲，应该尽快找大人帮忙或呼救。这样做并不是不提倡见义勇为了，应该提倡小时候"智为"，长大才"勇为"，实际上很多因见义勇为而伤残甚至死亡的个案中，如果当事人换一种处理方式，往往不用付出那么大的代价。小孩子对社会还不太了解，易受社会舆论的影响，如果舆论倡导他们去做一些力所不及的事情的话，这样反而是一种误导，不利于孩子的成长。

2002年9月7日，从化某中学一名不到16岁的中学生小李目睹一宗抢劫杀人案后，机智跟踪抢劫杀人疑犯 3 千米，最后报警直至协助警方抓获疑犯。广州市见义勇为基金会调查后认为，16 岁的小李所做的是一种聪明的见义勇为的举动，值得全社会学习，专程为这位少年送上了 5000 元奖励金，借此表彰他这种"不流血"的"见义智为"的举动。

广州市小北路小学一个一年级女生和六年级女生看到歹徒抢劫路人的金项链，于是一边追赶一边大声呼喊群众帮忙抓贼，最终在群众的帮助下帮失主追回了失物。学校在开表彰大会时，一方面鼓励同学们学习她们不逃避的"勇"，另一方面也着重表扬她们善于动脑筋，利用群众力量制服恶人的"智"。

因此，作为不满 18 岁的未成年人，在面对违法犯罪或突发自然灾害等事故时，首先想到的应该是自身人身的安全，牢固树立安全意识。

自我保护非常的必要

也许广大的中小学生在读了前文以后，会觉得这些都是老师和家长所讲的大道理。那么，我们下面就用一个生动的小故事来告诉大家自我保护到底有多么重要。

有一个人非常相信上帝，不管他遇到什么困难，他总是祈祷上帝来帮助他渡过难关。有一次，他遇到了百年一遇的大洪水，他好不容易爬上了一棵大树，抱着树干大声祈祷上帝保佑自己活下去。

不久，一条小船上的人发现了他，人们让他游到小船上来。这个相信上帝的人不为所动，因为他始终相信上帝自己会来救自己的。小船上的人等了一会儿，看没办法说服他就走了。

第二天，又有一艘救生艇从那里经过，救生艇上的人看见了这个抱着树枝的人，便让他上去。但是，他非常固执，他相信上帝自有办法救自己，无论如何也不肯上船，于是，救生艇也只好开走了。

第三天，太阳升起来的时候，这个人已经快要坚持不住了。就在这个时候，有一架负责最后搜救工作的直升机从空中发现了他，搜救人员放下了软梯，让他爬上来。可是，这个完完全全相信上帝的人，认为上帝一定会听到自己的祈祷来救自己的，他说什么也不肯爬上直升机。搜救人员毫

无办法，最后人们只好摇摇头，开着直升机飞走了。

到了第四天，这个可怜的人终于坚持不住了。最后，他掉到水中淹死了。后来，他在天国见到了上帝。他怒气冲冲地质问上帝，为什么他那么虔诚地相信上帝，但在他濒临死亡的时候，上帝却视而不见，不肯前去救援他。

上帝摇了摇头，说："谁说我没有去救你？我明明派了一条小船、一艘救生艇以及一架直升机去救你，可你偏偏不肯上来。不肯救你的人不是我，是你自己呀!"

大家从这个寓言故事中想到了什么呢？如果连自己都不珍惜自己，还能指望谁来保护你呢？所以，广大的中小学生应该不断提高自我保护能力，学会保护自己。

广大中小学生认为生命中最重要的东西是什么呢？

成功？财富？名利？亲情？友情？爱情？健康？事业？家庭？幸福？快乐？舒适？安逸？……

生命中有太多重要的东西了。对于每一样重要的东西，我们都希望得到，都渴望拥有。

也许你的答案会有很多，但是如果这个是单选题怎么办呢？就像在考试的时候，面对无数的选项，我们只能选择其中最重要的一个。你的答案会是什么呢？请大家仔细想一想，如果失去了生命，上述的任何答案还能成立吗？

其实，但就生命而言，生命中最重要的东西就是生命。人的生命本身是最重要的。虽然拥有了生命，大部分人还缺少成功，默默无闻，身无分文，家庭不幸福，爱情不美满，身体不强壮，生活很辛苦……但是，如果没有了生命呢？所有的这些名呀、利呀，一切东西毫无意义了。

一个没有鞋子的人，总是为自己没有鞋子而哭泣。但是当他看见没有脚的人的时候，才会明白他所拥有的财富是多么宝贵！正因为我们把拥有生命当做一件理所当然的事情，我们努力学习如何成功、如何获得财富、如何拥有爱情……却常常忘了学习如何保护自己！

每个人的生命都只有一次，而灾祸却有无数，面对死亡的威胁，广大的中小学生应该做些什么事情呢？难道仅仅只是祷告吗？

人的一生当中总有一些意外突如其来，总有一些伤害防不胜防，当大家处于困境之中时，除了哭泣，难道就没有有效的解救之道了吗？

随着科技的发展，我们的生活发生了翻天覆地的变化，但是与之同来的还有许多不安全因素。这些不安全的因素就是隐藏在大家身边的无形危险，你看到了吗？

飞鸟离不开天空，鱼儿离不开海洋，生活在这个五光十色的现实社会里，你知道哪些是安全的呢？哪些是危险的吗？

由此可见，提高自我保护能力是任何能力也无法替代的。所以，广大的中小学生都应该学会如何有效地保护自己，保护生命中最重要的东西。

♥ 自然法则带来的启示

也许，有不少同学会觉得把自我保护的重要性提到这么高的位置，是不是有点儿危言耸听了呢？那么，我们就来看看自然法则给予我们的启示吧。大家都知道，在大自然中有一个"弱肉强食"的法则。狮子比羚羊凶猛，自然要以羚羊为食。

所以，从表面上来看，狮子与羚羊之间的追逐，不过是"弱肉强食"这一自然法则中的一个活生生的实例。但是，这难道不是一场无奈的、为了争夺生命而进行的奔跑吗？如果狮子跑不快，捕捉不到猎物，它就会饿死；反过来说，如果羚羊跑不过狮子的话，它就会成为狮子的美餐。

狮子和羚羊从出生的那一刻起，就不断地提高自己的奔跑速度。在它们的一生中，只要生命不息，就会奔跑不止，因为只有这样，它们才能够继续拥有生命！

捕食者和猎物之间你死我活的激烈追逐，是动物保全自己生命的一种残酷竞争。事实上，许许多多看上去或简单或复杂的自然现象背后都隐藏着自我保护的深刻含义。以蝴蝶为例，绝大多数蝴蝶都非常美丽，但是，蝴蝶的美丽并不是为了他人的赞赏与艳羡。生物学家经过艰苦的研究，揭示了其中的奥秘。原来，蝴蝶翅膀上面色彩绚丽、对比鲜明的线条和斑点，都是它们用来保护自己生命的独特手段！

一般情况下，颜色鲜艳的动植物往往有毒，蝴蝶为自己披上艳丽的外衣，就是为了迷惑它们的天敌，让天敌以为它有毒不敢吞噬它。另外，蝴蝶身上一圈圈大大的斑点，这就像是大型动物的眼睛，当它们翩翩起舞时，巨大的"眼睛"就会眨个不停。它们用这样的假象，迷惑天敌，吓走天敌，保护自己。

当然，也有的蝴蝶靠"以静制动"的方式来迷惑天敌，著名的枯叶蝶，虽然实为蝴蝶，但颜色暗淡，形状也非常奇特。当枯叶蝶停留在树枝上一动不动时，就像是一片枯萎了的树叶。这样就不会引起其他昆虫捕食者的丝毫注意，用这种手段，枯叶蝶也逃过了许多天敌的眼睛。不过，尽管枯叶蝶伪装得非常好，但是仍有一些鸟类可以识破它的"诡计"。因为这些鸟类如果无法识破枯叶蝶的"诡计"，就会被活活地饿死。

不管是动物飞快的奔跑速度，坚硬的外壳，敏锐的听觉、视觉或嗅觉，巧妙的颜色伪装，群居的生活，锋利的牙齿，还是植物难闻的气味、剧烈的毒汁、艳丽的色彩、可怕的尖刺，都是自然界中动植物自我保护的手段！在大自然中，有许多野生动物在刚刚出生的时候，就能够站立、奔跑，无疑这也是出于自我保护的本能。

自我保护意识和能力是万物生而有之的天性之一，也是动植物得以延续的重要前提。正是因为有了自然界中动植物的自我保护意识和能力，才有了世界的多样与精彩。毫不夸张地说，生命因自我保护而精彩。

也许有的同学会说，自然界中上演的弱肉强食、物竞天择的自然法则的确很残酷，每个物种都需要为了保全自己的生命而进行激烈的竞争。但是，人类是万物之灵啊！我们生活在一个文明的社会中，根本不需要像动物那样，时时刻刻担心被其他动物吃掉，我们的生命是非常安全的。

与动物相比，我们的确没有那种随时有可能被天敌吃掉的危险，也不会有血淋淋的性命之忧。但是，请广大的中小学生仔细想一想，人之所以能够成为万物之灵，难道不正是由于在远古的时候猿人具有比其他动物更强的自我保护意识和能力吗？远古时代，猿人利用简单的工具获取食物、采集火种、吓走野兽，依靠集体的力量战胜自然灾害，正是在这样一个不断增强自我保护能力的过程当中，他们才进化成为人类！

当代社会，我们拥有了比远古时代，甚至是比以前任何时候都更为强大的自我保护工具和手段。不过，万事万物都具有两面性。这些工具和手段是一把双刃剑，利用得当，可以除暴安良、维护真理。但是，如果利用不当，这些工具一旦为邪恶势力拥有，就会变成伤害无辜、助纣为虐的凶器。

如果当今社会上的所有人都像《三字经》所说的那样"人之初，性本善"，那么我们尽可以想象一个路不拾遗、夜不闭户的太平盛世。但是，现实的社会是这样的吗？人类为什么要发明锁和钥匙呢？难道不就是因为有的人太贪婪，他们想通过非法的手段霸占本不属于他们的东西，所以人们不得不发明了锁和钥匙来保护自己！

虽然，锁头能够锁住门，把人们的生命财产暂时地保护起来，可是，人不可能一辈子只活在大门以内啊！只要迈出大门，危险就可能会随时而至。况且，就是在大门以内，也会有危险存在啊！我们生活在一个丰富多彩的世界里，但这个世界除了精彩之外也很无奈。

所以，从自然法则给我们的启示中，广大的中小学生更应该明白学会自我保护，提高自我保护能力的重要性。

♥ 自我保护的基本技能

随着科学技术和经济的发展，人们创造了巨大的社会财富。与以前相比，人们能够享受的精神文明和物质文明越来越丰富了。但是，与此同时，丰富多彩的社会生活也使我们的生存环境日益复杂。

我们在前文中已经指出，广大的中小学生处在一个特殊的成长时期，阅历相对简单，社会经验还不够丰富，比较容易受到自然灾害、意外事故和社会不良行为等的伤害，因此尤其需要强化自我保护。

那么，对于我们人类来说，自我保护能力是与生俱来的，还是后天锻炼所得的呢？和大自然中的大多数动物一样，人类的自我保护也是个可以努力并逐渐胜任的事情。伟大的哲学家尼采就曾经说过："我们必须知道如何保护自己，这是对独立性的最好考验。"

在很小的时候，大家都还没有独立的能力，我们只能接受家长和幼儿园老师的照顾和保护。但现在我们已经告别了幼年时代，成为了中小学生，独立思考的能力越来越强，拥有了一定的辨别是非的能力。因此广大的中小学生通过学习，学会自己保护自己已经是一种成长的使命，这个过程也会加速我们的成长和成熟的历程。

那么，广大的中小学生要保护自己，应该具备哪些基本的素质和技能呢？具体来说，广大的中小学生要学会保护自己，就必须学习以下6个方面的技能。

1. 敏锐的识别能力。正如一首诗中所说的那样，"山雨欲来风满楼"。世间的万事万物都是相互联系的，任何自然现象或者灾害的发生，都不是突然降临的。所以，在危险来临之前，总会有一些征兆，预告后面将要发生的事件。

如果广大的中小学生具有敏锐的识别能力，在危险真正发生之前，就已经看到了危险的影子。那么，我们就可以走在危险的前面，即使危险真的不可避免地发生了，我们也可以事先做好充分的心理准备，迅速采取措施，把自己的损失降低到最小的程度。

不但自然现象和灾害在发生之前会有一些征兆出现，人为的一些伤害也是可以事先看出一些苗头的。有经验的猎人们常说，狐狸再狡猾，也有露出尾巴的时候。当我们在外面遇到陌生人的时候，我们更需要仔细观察。

在大多数情况下，我们在长期的平凡社会生活中，会形成一些对于某些人的固定的总体印象，比如说，戴眼镜的人通常都是有学问的人，他们通常是值得信任的。

这就是心理学上所说的"刻板印象"效应。正常情况下，这种心理上的预期，有利于我们对他人进行迅速的判断，了解他人。但是，有的时候，这种心理上的准备状态会被坏人所利用，用来充分伪装自己，然后用表面的现象骗取大家的信任。

因此，我们千万要注意，不要让自己的眼睛骗了自己，不要把任何事情都想成是理所当然的，要学会观察，但凡觉得有疑问，多问自己几个为什么，抓住疑点，准确识别他人。

2. 清醒的判断能力。清醒的判断是进行成功的自我保护的重要前提，它包括对是与非、真与伪、表与里、安与危、合法与非法的总体判断，以及对事件性质的分析、对疑点细节的分析、对当时处境的分析、对事态发展的种种预测等。

当危机出现的时候，可能会由于紧张、焦虑等原因，影响了人们正常的判断，后果甚至不堪设想。我们偶尔会从新闻中看到这样的悲剧，某处火灾，有人着急，从楼上跳下摔死了，但其他人迅速撤离反而安然无恙。所以，保持头脑的清醒在自我保护中是相当重要的。

就像俗话说的那样"当局者迷，旁观者清"，很多时候，我们作为当事人，往往由于自己视角的局限，被表面现象迷住了眼睛，或被利害关系冲昏了头脑，当危险来临之时，还浑然不觉。尤其是在面对职业骗子的时候，我们常常被他们的花言巧语所迷惑，仿佛被灌了迷魂汤，人云亦云，完全失去了自己的判断能力，这是最最可怕的情况。

因此，在任何情况下，无论别人说得如何天花乱坠，我们都需要保持清醒，努力把自己设想成为一个局外人，想象这是别人的问题，试着用一种旁观者的角度来进行判断，或者问一问自己，如果父母遇到了这样的情况，他们可能会怎么做？努力置身于事外，也许就可以在危难之中救我们逃过一劫。

3. 强烈的自我保护意识。俗话说，"不怕做不到，就怕想不到。"很多灾害在刚刚开始的时候，并不可怕，但是由于当事人浑然不觉，任其发展，才造成了最后不可收拾的严重后果。而很多人为的灾祸之所以发生，就在于被害者品尝到最后的苦果之前，并不认为这是一场灾难，所以从一开始，不加干预的任凭事态发展，从而一步步地陷入可怕的深渊。

对于青少年来说，尤其是在"性"的问题上，有时候更是难以分清楚是与非、对与错，贪图眼前一时的满足或快乐，看不到自己的行为可能会带来的严重后果，缺乏自我保护的意识，最终酿成苦果。

如果说自我保护的能力和技巧是计算机的硬件，那么自我保护的意识就是计算机的软件。只有装上了软件的计算机，才可以使用的。同样，任何自我保护的技能和手段，只有在大家意识到危险的存在、加以调用的时候才能发挥作用。没有自我保护的意识，就算是身怀绝技，也是英雄无用武之地，等到恶果发生之时，往往为时已晚。

因此，我们在学习自我保护的知识和技巧的同时，还必须树立自尊、自爱、自律的观念，在必要的时候，把自我保护作为我们考虑任何问题、采取任何行动的一个大前提，让自我保护的意识成为一道坚固的防线。

4. 理智的自制能力。如果说外在的危险总还是看得见摸得着，那么我们内心深处的欲望，则是一个看不见的却足以把我们推进厄运的深渊的隐形恶魔。有时候，某些不怀好意的人，正是利用了人们内心的一些欲望，把它激活、放大，成为阻碍人们正常思考的武器，最终达到他们不可告人的目的。

此外，对于自制力还比较差的青少年来说，青春的力量逼人而来，似乎具有不可抗拒的魔力，如果没有正确的认知、理智的控制，很容易成为自己冲动和欲望的奴隶，过早地尝试一些本不应该尝试的行为，一失足成千古恨，让亮丽的青春之花，过早地凋谢。因此，理智的自制能力，对于你们来说，尤为重要。

在灾害发生的时候，由于事件发生得十分突然，当事人毫无心理准备，或者由于极度恐惧，人们有时候会做出一些不理智的举动，这不但无助于渡过难关，反而可能使灾害的后果变得更加严重。这时候，就需要对自己的情绪和行为进行必要的理智控制，树立摆脱困境的信心，避免消极的自我暗示，控制自己的行为，采取尽可能明智的措施。

5. 灵活的自卫方式。成语"狡兔三窟"说的是狡猾的兔子常常有多个藏身之处以迷惑敌人，保护自己。只会奔跑的小兔子，都知道借助多种手段来保护自己，更何况身为万物之灵的你呢？发现自己处于危险之中时，你需要一些切实的手段来保护自己免受伤害，但是并不存在一种万能的手段来帮助你逃脱所有的困境。因此，大家需要拥有的自卫方式，绝不仅仅一种，要根据具体情况灵活运用。

针对不同的具体情况，同学们可以采用的具体措施不尽相同，例如，利用环境保护自己，借用他人保护自己，运用法律保护自己等等。一般而言，尽可能迅速地让其他人知道你处于危险之中，最有助于你脱离困境。

6. 受害受骗后的自我救护和自我心理疏导。人生在世，总希望平平安安，但由于种种原因，很多时候，伤害还是不可避免地发生了。可以说，就像小时候我们学习走路时总会摔跤一样，那些受害受骗的经历，也是成长的一部分，是为了成长需要付出的代价，是我们向社会这所大学所交纳的学费，所以还需正确看待那些发生在我们身上的伤害性事件。

在受害、受骗发生以后，重要的不再是伤害本身，而是你对伤害的理解和认识。同样的事件，可以把一个人击倒，使他一蹶不振；也可以让一个人奋发，从伤害中吸取教训，武装自己，东山再起。因此，受到伤害后的自我心理救护和自我心理疏导，也是学习保护自己的重要内容。

❤ 应如何加强自我保护

某中学的一名男生向同学借钱，人家不借，就拿菜刀把人家砍死了。公安人员逮捕他的时候，他说："警察叔叔，你千万别告诉我妈妈，不然她就不让我上学了。"

还有一个类似的案例：北京海淀区某中学七八名学生结成一个偷盗集团，多次入户行盗，罪行十分严重。当他们在法庭上被问及犯了什么罪时，他们却说不知道，并声称偷盗是出于好奇，想试试本事。

从以上两个案例中可以看出，很多青少年朋友往往是在不知法、不懂法的情况下就犯了法。然而，司法机关不会因为他们不懂法就不予追究，不懂法并不能减轻他们的罪过。

现实生活中，有很多青少年连什么该做什么不该做都不知道，连基本的辨别是非的能力都非常缺乏，他们又怎么能保护自己呢？然而，这些基本的技能和意识又从何而来呢？

1. 广大的中小学生应该用知识来武装自己的头脑。知识越丰富的人，往往越知道什么是危险，能感觉到危险的逼近，明了事态发展的可能后果会怎样，也懂得更多的保护自己的手段，会采取最为适当的措施来脱离困境，从而更好地保护自己。因此，要学会保护自己，首先就要掌握一些最基本的保护自己的知识。

在各种各样的知识中，法律知识对于自我保护的作用尤其重要。近年来，未成年人犯罪率急剧上升，并趋向低龄化。可惜的是，很多青少年都是在受到法律的制裁时，才追悔当初不该不学法、不守法，以致触犯了法律，受到了处罚。青少年罪犯在铁窗高墙之下怀着忏悔之心开始真正学习法律，实在是悔之晚矣。要知道制止犯罪，惩治只是"扬汤止沸"，教育才是"釜底抽薪"。

其实，法律就好比是一把双刃剑，对于坏人坏事，法律具有强大的约束、制止、惩罚作用，而对于受到伤害的善良的人来说，法律是一种最有力的保护自己的武器。

有关权威机构对全国中小学生进行的调查结果表明，现在孩子最大的缺点就是胆小，遇事就怕，对"如何保护自己不受伤害"的提问，大多数人回答是"不出门"、"躲着点"。

调查中发现，在大多数家庭中，父母对孩子在法律方面的教育少得可怜。即使有一点儿，也只停留在遵守交通规则、遵守学校纪律、别打架惹事之类的浅层次上。不少家长认为，只要孩子好好学习、不违法就行了。在这种状态下，孩子由于缺乏必要的法律知识，在权益受到侵害时往往显得不知所措。因此，青少年需要掌握一些常用的法律知识，了解自己依法享有哪些权利，当这些权利受到侵害时怎么办。在自己不违法的同时，知道如何依法保护自己。

中小学阶段的未成年人，正值发育时期，具有特殊的生理和心理特征，因此国家机关、社会、家庭、学校和全体公民给予了特别的法律保护，努力把中学生造就成一代有理想、有道德、有文化、守纪律的社会主义建设的接班人。这样，就有了由共青团中央和国家教委牵头起草，经历10余年的奋斗，10多次的易稿，于1991年9月4日全国人大常委会第21次会议审议通过，并于1992年1月1日起正式施行的《中华人民共和国未成年人保护法》。

2. 广大的中小学生应增长自己的阅历。还是小孩子的时候，同学们一定听过大灰狼和小白兔的故事。在那个由童话组成的世界里，嘴大牙尖的大灰狼一看就知道没有好心肠，而整洁可爱的小白兔，当然是人类的好朋友。在童话王国里生活久了，有的同学就习惯于用看待故事的心态来看待周围的现实，总以为坏人一定长得凶神恶煞、满脸横肉、一口黄牙、满口脏字，而衣着整洁、文质彬彬、笑容可掬、态度和蔼的人就一定是好人。如果世界真的这么简单，每个人都在自己的脑门上贴一个字条，上面明确地写着"坏人"或"好人"，那么可能我们的这个社会也不需要那么多警察了。

当然了，这也并非完全是童话惹的祸，从心理学的角度来说，人们在日常的生活中，总会对某个群体的人形成一些总体的印象。比如说，北方人热情，南方人精明，这是由于地域原因形成的刻板印象；商人唯利是图，警察英勇正直，这是由于职业原因形成的刻板印象；女孩善良柔弱，男孩勇敢刚强，这是性别因素造成的刻板印象。

此外，年龄、体态、外貌特征、衣着打扮等等，都是导致人们对具有这些特征的人群形成某种总体看法的因素。多数情况下，这种人们在不知不觉中形成的观念，可以帮助人们比较迅速地了解他人，形成对对方行为的心理预期。

比如说，同学们看到了对方的相貌、衣着，并了解了对方的年龄和职业，就可以很快地判断这个人可能是什么样的一个人，他可能会对什么话题感兴趣，可能会对你的行为作出什么样的反应等等。在正常情况下，这些先入为主的看法，可以帮助你正确地指导自己的行为，恰当地做出反应，促进你和他人的人际交往。

但是，这个在短时间内形成的印象，是表面的、刻板的，也就是说，不一定是正确的。因此，所谓"人心隔肚皮"，在你看到他人的行为后果之前，你并不能仅仅依靠自然特征就对一个人做出判断。

那么，社会到底是什么样的呢？用通俗的话来说，现实社会就是大家每天都生活在其中的人际环境，就是每天与大家直接或间接接触的所有人。这个世界上好人比坏人多，但是谁也保证不了下次你碰上的那个人一定是好人。你现在的生活可能平静而安全，没有危险，但这绝不意味着这是一片净土。这是一个现实的世界，并非一个童话王国。

大家听来的故事，都不仅仅是故事——如果没有生活中的原型，人们怎么会想出这样或那样的故事呢？当然了，这个社会也并非"一团漆黑"，到处是尔虞我诈。你也没有必要草木皆兵，疑神疑鬼。最简单的原则是，"朋友来了有好酒，若是那豺狼来了，迎接它的有猎枪"！也就是说，一分为二地看待社会，既不要把社会看成"一片净土"，到处是阳光鲜花，也不要把社会看成黑暗地狱。学会面对现实，积极谨慎地和周围的人和事接触，处处留心，不断地增长自己的阅历。

3. 广大的中小学生应该在别人的经验中学习。如果成长要付出代价的话，没有一个人有那么多的资本，可以品尝生活中所有的酸甜苦辣。所以，有些时候我们不仅要增长自己的阅历，在自己的经验中学习，更多的时候，我们应该在别人的经验中去感悟。你的家长、你的老师还有你的小伙伴，他们都能教会你一些东西。很多中学生朋友们都觉得，父母、老师还有其他的长辈与自己的距离越来越远，很多时候好像他们根本无法了解自己的想法。

这种感觉很正常，因为中学阶段正是一个情绪很容易变化的阶段，我们渴望长大，但又仿佛处处受束缚，所以多多少少会有一些叛逆。但是，平心静气地坐下来想一下，即使我们有时候觉得父母的唠叨有点多余，但是这毕竟是他们的经验之谈，不是没有道理的，对不对？很多人在为人父母后，才会常常感叹："当年还是自己的父母有理啊，只是自己听不进去罢了。"俗话说"姜还是老的辣"，特别是在我们对复杂的社会缺乏清楚的认识的时候，多听听父母、老师的教导是很有好处的。即使我们不完全接受，但多一种想法、多一个心眼，也没坏处。

4. 你的同伴也是你进行学习的一个很好的渠道。别人做得好的，虽然不一定是最好的，但是"三人行，必有我师"，总有一些地方是别人想得到，却被自己忽略了的。而这些小小的细节，只要你留心注意一下，将来可能在危急的时候成为良策。而别人的一些过失，我们自己也要想一下，如果是自己，会不会犯同样的错误呢？为什么会犯这样的错误呢？这样你就能减少错误。人总是在不断地前进，不断地学习，向书本学习，向自己学习，也向别人学习。

　　5. 广大的中小学生应该创设情境来锻炼应变能力。顺境中的学生怎么能体验逆境？幸福中的孩子怎么能从容应对磨难？习惯于父母翅膀庇护的孩子怎么能迎接危险？生活中的突发事件是不可预测的，为了让自己面临危险情境时可以及时、合理地进行自我保护，学生可以通过某些方式，设身处地来体验一番，以增强自我保护的意识和能力。

不断完善法制与权益意识

树立强烈的法律意识

现代社会是一个法制社会，公民的各种权益都会通过相应的法律规范加以法律调整。因此，法并不仅仅是公安机关、检察机关、人民法院等司法部门的事或其他执法部门的事。可以说，法就在我们身边，法就在我们身上；法，虽然没有明显地抓在我们手上，但是无处不在、无时不在，只是你没有想到要用而已。所以有必要了解法制与权益问题。

我国《宪法》第33条规定："凡具有中华人民共和国国籍的人都是中华人民共和国公民。"公民意识就是指公民对于自己应享受的权利和应履行的义务的自觉意识。公民意识的重点是"公"。由于许多复杂的原因，在我国现代社会，特别是在部分中小学生中，"私民"意识强烈，无法与现代的公民意识相协调，在现实生活中以自我为中心，不仅在社会上，就是在家中也是以自我为中心，时常损人利己，"各人自扫门前雪，不管他人瓦上霜"。要消除这些与现代公民意识格格不入的意识和行为习惯，必须培养公民意识。

在现代社会，可以说一切权利都是法律赋予的。权利就是公民、社会组织依法享有的权利和利益，表现为享有权利的人可以做什么或不做什么，可以要求他人做什么或不做什么。然而权利总是和义务相对应的。

法律上把权利分为公共权利和个人权利。公共权利就是全体社会成员共同享有的权利，即公权；个人权利就是作为社会成员的个体所具体享有的权利，即私权。一般说来，公民依法享有的私权，应当得到很好的保护，既不能任意以公权侵犯私权，也不能以自己的私权侵犯他人私权。而且在不少时候，公权的行使需要以牺牲个人利益为代价，私权要让位于公权，以维护大多数人的权益，维护社会公众的最根本利益。如果社会公权能做到权为民所用、利为民所谋、情为民所系，我们的公权与个人权利就能够实现和谐统一，而这也正是现代社会的法制精神所在。

"公民"是一个法律概念，公民意识的培养离不开法律意识的培养。青少年的法律意识不可能自发地形成，社会与青少年自身都必须有意识地加以培养，包括树立公民对法律的依赖感，确立公民的法律正义感，培养公民对法律的信任感，形成公民的法律神圣感，开展法律教育等，特别是要把法制教育和道德教育、公民教育等教育活动有机结合起来。强烈的法律意识能使青少年有学法的动力，守法的愿望，用法的勇气，护法的艺术。

在现代社会，人们的法律意识、道德意识和公民意识共同构成社会意识。树立现代意义上的以法治精神为核心的法律意识或观念，是一项伟大持久而艰难的系统工程，因此要系统地对青少年进行公民教育。公民高度的法律意识是法制现代化的基石，每个青少年都应清楚这一点，都应树立公民法律意识。

增强青少年公民的法律意识，首先要使青少年公民了解法律的规定，掌握法律的原则，理解法律的精神，处理好权利与义务的关系，使机械的法律条文变成人们的自觉意识，并在问题来临时能够正确运用法律的规定，自觉服从于法律的规定；要加快健全完善法律制度的步伐，尽快弥补我国现有法律体系存在的不足，使公民能真正做到对法律法规条文的全面了解和掌握；青少年公民要加强对法律知识的学习，提高自身的法律修养，特别是在某种社会行为做出前，要自觉遵守法律规定，在个人利益与公共利益发生矛盾的时候，做出正确选择，做一个无愧于这个时代的新型公民。

在当代中国，法律是体现广大人民意志的，由国家制定和认可的，并由国家强制力保证实施的调整个人之间、个人与社会之间的行为规范的总和。法律的内容，就全社会来说，从政治、经济、文化等方面，从生产、分配、流通、消费等各环节都有十分明确的规定。从个人来说，个人的生、老、病、死、养、教，吃、穿、住、行、玩、购等，都会有相应的法律规范加以规定。

在社会规范体系中，法律是一种区别于社会道德等其他社会规范的特殊的社会规范，其基本特征表现在：

法体现的是国家意志。法具有国家意志性，这是法与其他社会规范的主要区别之一。因此，将法同其他社会规范区别开来的并不是法所体现的统治阶级意志，而是法所体现的国家意志。

法具有国家强制性。法作为一种行为规范，具有国家强制性。法的国家强制性是指法是由国家强制力保障实施的。

法的效力具有普遍性。法的普遍性是指在国家权力管辖和法所规范的界限内，法具有使一切国家机关、社会组织和公民一体遵行的法律效力。

一般来说，社会规范都涉及权利义务。但不同社会规范的侧重点是不同的，如道德规范是侧重于对义务的规定和要求，宗教规范大都讲义务等，只有法律规范和社团章程，既规定义务，也规定权利，而且两者是相对应的。从这个意义上说，法是规定人们权利义务的社会规范，法通过对一定社会关系的参加者的权利和义务的规定，具体地体现掌握国家政权的阶级的意志和利益；法具有告知、指引、评价、预测、教育和强制等规范作用，并以权利和义务为机制，影响人们的行为动机，指引人们的行为，调节社会关系。

法规定人们的权利和义务，这里的"人们"是泛指能成为法律关系主体的个人、社会组织、国家机关以至国家本身；法讲的权利和义务也是泛指个人、社会组织、国家机关及其代理人在执行事务时所行使和承担的职权和职责。因此，只要参与了法律所调整的社会关系，就既享有法律赋予的权利，也承担法律规定的相应义务。

由于法是行为规范，因而人们在实施某种社会行为时，都应于法有据，依法实施。正是由于法律的普遍有效性，人们就可以运用法律手段维护自己的合法权益。而且，在现代社会，法已涵盖了社会生活的方方面面，公民在不同场合都可以运用法律武器捍卫自己的合法权利。当然，公民也都应尊重他人及社会的合法权利。为此，必须学法、用法、守法。下面，我们就像广大的中小学生朋友介绍一些和大家生活、学习息息相关的法律常识，以便大家更好地学会用法律武器来进行自我保护。

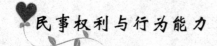

民事权利与行为能力

民事权利是指民事主体为实现某种利益而依法为某种行为或不为某种行为的可能性。它具体包括：权利主体依法直接享有某种利益或者实施一定行为的可能性；权利主体可以请求义务主体为一定行为或不为一定行为，以保证其享有或实现某种利益的可能性；在权利受到侵犯时，有权请求有关机关予以保护。

民事权利按不同的标准可以分为：财产权与人身权、支配权、请求权、形成权与抗辩权；绝对权与相对权；主权利和从权利。其中支配权是对于作为权利客体的事物直接支配、享受其利益并排除他人干涉的权利；请求权是特定人（请求权人）对于特定他人（义务人）能够请求为一定行为或不为一定行为的可能性；形成权是依照权利人的单方意思表示就能使权利发生、变更或者消灭的权利；抗辩权是权利人所享有的对抗对方当事人请求权的权利。

公民的民事权利能力是指公民依据法律规定享有民事权利和承担民事义务的能力。民事权利能力由法律赋予公民，为公民成为民事主体，参与民事活动，实施民事行为，取得具体民事权利、承担具体民事义务的资格和前提条件。民事权利能力依附于公民人身，不管公民是否参加一定的具体民事活动和民事法律关系，这种能力始终存在；除法律有特别的规定外，任何单位和个人不得加以限制和剥夺，公民的民事权利一律平等。

相关法律规定有《民法通则》第 9 条：公民从出生时起到死亡时止，具有民事权利能力，依法享有民事权利，承担民事义务。《民法通则》第 10 条：公民的民事权利能力一律平等。

公民的民事权利能力是法律赋予公民从事民事活动，享有民事权利和承担民事义务的资格，包括 2 种含义：①主体资格，②主体享有权利的范围。公民的民事权利能力有如下特征：主体的平等性；内容的完全性和广泛性；权利能力和义务能力的统一性；民事权利能力实现的物质保障性；权利能力的不可转让性。公民的民事权利能力始于出生、终于死亡。

公民的民事行为能力是指法律确认的公民通过自己的行为从事民事活

动，参加民事法律关系，取得民事权利和承担民事义务的能力。公民的民事行为能力包括 4 个方面的内容：意思能力、取得权利的能力、处分权利的能力、承担责任的能力。公民的民事行为能力有如下特征：由国家法律确认；与公民的年龄和智力状态相联系；非依法定条件和程序，他人不得限制和取消。具体说：

民事行为能力由国家法律加以确认，是国家法律为维护公民的合法权益和保障社会的正常秩序确认的。公民是否具有独立从事民事活动的能力，不取决于公民的主观意愿。

民事行为能力与公民的年龄和智力状态直接相联系。只有达到一定年龄、智力状态正常的公民，才能正确地理解其行为的社会意义，独立完成某一民事行为，取得民事权利，承担民事义务。因此，法律对不同年龄和智力状态的公民规定不同的民事行为能力。

民事行为能力非依法定条件和程序不受限制或取消。民事行为能力是国家法律赋予公民从事民事活动的资格。因此，除非法律规定的应当限制或取消公民民事行为能力的情形出现，任何个人和组织都不得限制或取消公民的民事行为能力。

我国《民法》根据公民的年龄、智力状态等因素，把公民的民事行为能力分为完全民事行为能力、限制民事行为能力和无民事行为能力 3 类：

1. 完全民事行为能力。完全民事行为能力，是指法律赋予达到一定年龄和智力状态正常的公民通过自己的独立行为进行民事活动的能力。

《民法通则》第 11 条规定："18 周岁以上的公民是成年人，具有完全民事行为能力，可以独立进行民事活动，是完全民事行为能力人。16 周岁以上不满 18 周岁的公民，以自己的劳动收入为主要生活来源的，视为完全民事行为能力人。至于在何种状况才属于"以自己的劳动收入为主要生活来源"，最高人民法院《关于贯彻执行（中华人民共和国民法通则）若干问题的意见（试行）》第 2 条规定："16 周岁不满 18 周岁的公民，能够以自己的劳动取得收入，并能维护当地群众一般生活水平的，可以认定为以自己的劳动收入为主要生活来源的完全民事行为能力人。"

2. 限制民事行为能力。限制民事行为能力，又称为不完全民事行为能力或部分民事行为能力，是指法律赋予那些已经达到一定年龄但尚未成年

和虽已成年但精神不健全，不能完全辨认自己行为后果的公民所享有的，可以从事与自己的年龄、智力和精神健康状况相适应的民事活动的能力。

对享有限制民事行为能力的公民，可称为限制民事行为能力人。根据《民法通则》第 12 条和第 13 条中的规定，限制民事行为能力可分为 2 种：（1） 10 周岁以上的未成年人是限制民事行为能力人，可以进行与他的年龄、智力相适应的民事活动；其他民事活动由他的法定代理人代理，或者征得他的法定代理人的同意。（2） 不能完全辨认自己行为的精神病人是限制民事行为能力人，可以进行与他的精神健康状况相适应的民事活动；其他民事活动由他的法定代理人代理，或者征得他的法定代理人的同意。

3. 无民事行为能力。无民事行为能力，是指完全不具有以自己的行为从事民事活动以取得民事权利和承担民事义务的资格。对无民事行为能力的公民，可称为无民事行为能力人。《民法通则》第 12 条和第 13 条中分别规定了 2 种无民事行为能力人：（1） 不满 10 周岁的未成年人是无民事行为能力人，由他的法定代理人代理民事活动。（2） 不能辨认自己行为的精神病人是无民事行为能力人，由他的法定代理人代理民事活动。

在社会实际生活中，公民的民事行为能力因其年龄、智力和精神健康状态等因素的影响而具有可变性。为此，《民法通则》第 19 条规定："精神病人的利害关系人，可以向人民法院申请宣告精神病人为无民事行为能力或者限制民事行为能力人。被人民法院宣告为无民事行为能力人或者限制民事行为能力人的，根据他的健康恢复状况，经本人或者利害关系人申请，人民法院可以宣告他为限制民事行为能力人或者完全民事行为能力人。"

公民的刑事责任能力

未成年人是指未满 18 岁的青少年。未成年人在社会中属于弱势群体，因此国家和社会对未成年人给予了特别的保护，如设立监护、制定未成年人保护法等。这就使一些人产生错觉：好像不满 18 岁便不用承担任何责任，甚至认为年轻人犯错误上帝都会原谅。果真如此吗？让我们看一下我国现行法律的规定吧！

刑事责任能力是指行为人构成犯罪和承担刑事责任所必须具备的刑法

意义上辨认和控制自己行为的能力，不具备刑事责任能力者即使实施了客观上危害社会的行为，也不能成为犯罪主体，不能被追究刑事责任；刑事责任能力减弱者，其刑事责任相应地适当减轻。

辨认能力是指一个人对自己行为的性质、意义和后果的认识能力。控制能力是指一个人按照自己的意志支配自己行为的能力。一个人的控制能力是以其辨认能力为前提的。如果一个人对自己行为的性质、意义和后果缺乏必要的认识能力，那么，该行为人的控制能力也就无所依存。

对于一般公民来说，只要达到一定的年龄，生理和智力发育正常，就具有了相应的辨认和控制自己行为的能力，从而具有刑事责任能力。

刑事责任能力和人的年龄有密切关系，这是因为，年幼的人不具备辨认自己行为的性质和法律后果的能力。人们只有达到一定年龄，具有识别是非善恶和自觉支配自己行为的能力时，才能对自己的犯罪行为承担刑事责任。我国《刑法》第 17 条对刑事责任年龄的规定是：

未满 14 岁的人，不负刑事责任。

已满 14 岁不满 16 岁的人，只对故意杀人、故意伤害致人重伤或死亡、强奸、抢劫、贩卖毒品、放火、爆炸、投毒罪负刑事责任。

已满 16 岁的人，对其一切犯罪负刑事责任。

已满 16 岁不满 18 岁的人犯罪，应当从轻或者减轻处罚。

因不满 16 岁不处罚的，责令他的家长或者监护人加以管教；在必要的时候，也可以由政府收容教养。

法律重点保护青少年

中小学生绝大多数都属于未成年人。为保护未成年人的身心健康，保障未成年人的合法权益，促进未成年人在品德、智力、体质等方面全面发展，中华人民共和国第 7 届全国人大常委会第 21 次会议于 1991 年 9 月 4 日通过并公布了《中华人民共和国未成年人保护法》，自 1992 年 1 月 1 日起施行。它是我国第一部保护未成年人的专门法律，其适用对象为未满 18 周岁的未成年人。该法共 56 条，分为总则、家庭保护、学校保护、社会保护、司法保护、法律责任和附则共 7 章，主要内容是包括未成年人保护工作应遵

循的原则、家庭保护、学校保护、社会保护、司法保护、法律责任等方面内容。

关于未成年人保护工作应遵循的原则，该法从 4 个方面加以规定，强调应保障未成年人的合法权益；尊重未成年人的人格尊严；适应未成年人身心发展的特点；教育与保护相结合。

该法的重点是青少年权益保护，其中从积极方面规定了家庭保护、学校保护、社会保护、司法保护等 4 种保护方式，从消极方面则规定了行政责任、刑事责任、民事责任等 3 种法律责任，对青少年保护作出了详细的规定。

根据相关法律规定，家庭在保护未成年人权利方面的主要义务有以下几个方面。

1. 未成年人的抚养。父母或者其他监护人应当依法履行对未成年人的监护职责和抚养义务，不得虐待、遗弃未成年人；不得歧视女性未成年人或者有残疾的未成年人；禁止溺婴、弃婴。

2. 未成年人的教育。父母或者其他监护人应当尊重未成年人接受教育的权利，必须使适龄未成年人按照规定接受义务教育，不得使在校接受义务教育的未成年人辍学。父母或者其他监护人应当以健康的思想、品行和适当的方法教育未成年人，引导未成年人进行有益身心健康的活动，预防和制止未成年人吸烟、酗酒、流浪以及聚赌、吸毒、卖淫。

3. 基本权利的保护。父母或者其他监护人不得允许或者迫使未成年人结婚，不得为未成年人订立婚约。

父母或者其他监护人不履行监护职责或侵害被监护的未成年人的合法权益的，应当依法承担责任或由法院撤销其监护人的资格，另行确定监护人。

学校、幼儿园对未成年人的保护方法可以分为以下几个方面。

1. 学校和幼儿园应全面贯彻国家的教育方针，做好教育、保育工作。对未成年学生和幼儿进行德育、智育、体育、美育、劳动教育以及社会生活指导和青春期教育，促使他们在体质、智力、品德等方面和谐发展。学校应当关心、爱护学生；对品行有缺点、学习有困难的学生，应当耐心教育、帮助，不得歧视。

2. 保障未成年人的受教育权。学校应尊重未成年学生的受教育权，不得随意开除未成年学生；任何组织和个人不得扰乱教学秩序，不得侵占破坏学校的场地、房屋和设施。

3. 保护未成年人的人格。学校、幼儿园的教职员应当尊重未成年人的人格尊严，不得对未成年学生和儿童实施体罚、变相体罚或者其他侮辱人格尊严的行为。

4. 保障未成年人的人身权。学校不得使未成年学生在危及人身安全、健康的校舍和其他教学设施中活动。学校和幼儿园安排未成年学生和儿童参加集会、文化娱乐、社会实践等集体活动，应当有利于未成年人的健康成长，防止发生人身安全事故。

按照国家有关规定送工读学校接受义务教育的未成年人，工读学校应当对其进行思想教育、文化教育、劳动技术教育和职业教育。工读学校的教职员应当关心、爱护、尊重学生，不得歧视、厌弃。

国家和社会为保证未成年人身心健康发展而应当采取的措施包括以下几个方面。

1. 文化保护。具体来说，文化保护就是博物馆、纪念馆、科技馆、文化馆、影剧院、体育场（馆）、动物园、公园等场所，应当对中小学生优惠开放。

营业性舞厅等不适宜未成年人活动的场所，有关主管部门和经营者应当采取措施，不得允许未成年人进入。

严禁任何组织和个人向未成年人出售、出租或者以其他方式传播淫秽、暴力、凶杀、恐怖等毒害未成年人的图书、报刊、音像制品。

2. 身心健康保护。具体来说，身心健康保护是指用于未成年人的产品、设施等，应有利于未成年人的身心健康成长。儿童食品、玩具、用具和游乐设施，不得有害于儿童的安全和健康。

任何人不得在中小学、幼儿园、托儿所的教室、寝室、活动室和其他未成年人集中活动的室内吸烟。

卫生部门和学校应当为未成年人提供必要的卫生保健条件，做好预防疾病工作。

卫生部门应当对儿童实行预防接种证制度，积极防治儿童常见病、多

发病，加强对传染病防治工作的监督管理和对托儿所、幼儿园卫生保健的业务指导。对流浪乞讨或者离家出走的未成年人，民政部门或者其他有关部门应当负责交送其父母或者其他监护人；暂时无法查明其父母或者其他监护人的，由民政部门设立的儿童福利机构收容抚养。

3. 基本权利保护。具体来说，国家和社会对未成年人的基本权利保护是指，任何组织和个人不得披露未成年人的个人隐私。

对未成年人的信件，任何组织和个人不得隐匿、毁弃；除因追查犯罪的需要由公安机关或者人民检察院依照法律规定的程序进行检查，或者对无行为能力的未成年人的信件由其父母或者其他监护人代为开拆外，任何组织或者个人不得开拆。

国家依法保护未成年人的智力成果和荣誉权不受侵犯。对有特殊天赋或者有突出成就的未成年人，国家、社会、家庭和学校应当为他们的健康发展创造有利条件。

4. 劳动就业保护。劳动就业保护包括两个方面的内容。一方面，任何组织和个人不得招用未满 16 周岁的未成年人，国家另有规定的除外。任何组织和个人依照国家有关规定招收已满 16 周岁未满 18 周岁的未成年人的，应当在工种、劳动时间、劳动强度和保护措施等方面执行国家有关规定，不得安排其从事过重、有毒、有害的劳动或者危险作业。

另一方面，未成年人已经接受完规定年限的义务教育不再升学的，政府有关部门和社会团体、企业事业组织应当根据实际情况，对他们进行职业技术培训，为他们创造劳动就业条件。

法律还规定了对未成年人的司法保护。对未成年人司法保护的基本原则是，对违法犯罪的未成年人，实行教育、感化、挽救的方针，坚持教育为主、惩罚为辅的原则。

♥青少年保护法律体系

现在，我国对青少年保护已形成了以《中华人民共和国宪法》为依据，以《中华人民共和国未成年人保护法》为主体，以《中华人民共和国预防未成年人犯罪法》《最高人民法院关于审理未成年人刑事案件的若干规定》

及地方各级有关未成年人保护的规范性文件等为基本构成的未成年人保护法律体系。

我们先来看宪法。宪法是国家的根本大法，具有最高的法律效力。它规定国家政治、经济和社会制度的基本原则，公民的基本权利和义务、国家机关的组织与活动原则等有关国家和社会生活的最根本最重要的社会关系。宪法是"母法"，是其他一切法律、法规、规章的源头，一切法律、行政法规和地方性法规都不得同宪法相抵触。全国各族人民、一切国家机关和武装力量、各政党和各社会团体、各企业事业单位，都必须以宪法为根本的活动准则。

我国宪法中有关青少年教育、保护的规定在第1章总纲和第2章公民的基本权利和义务中都有体现，归纳起来有以下内容：

1. 关于发展教育事业及其具体措施的规定。宪法提出国家要发展社会主义的教育事业，同时还规定了各种具体措施，包括：通过兴办各类学校和实行正规教育来发展教育事业；加强成人教育；采取多种形式和途径办学；推广普通话。

2. 关于公民有受教育的权利和义务的规定。受教育的主要形式有学校教育、社会教育、成人教育自学等形式。

教育的内容包括：学龄前教育、初等教育、中等教育、高等教育以及职业教育等。对于未成年人来说，它有3方面的含义：学习的权利，即儿童和少年享有接受教育并通过学习，在智力和品德等方面得到发展的权利；义务教育的无偿化，根据《义务教育法》的规定，国家对接受教育的学生免收学费，并设立助学金，帮助贫困学生就学；教育的机会均等，未成年人不得在教育上受到不平等的对待，我国《义务教育法》第9条第2款规定："公民不分民族、种族、性别、财产状况、宗教信仰等，依法享有平等的受教育机会。"

此外，第10条还明确规定国家扶持各少数民族地区发展教育事业以及扶持和发展残疾人教育事业。

受教育的义务是指公民在一定形式下依法接受各种形式的教育的义务。按照《义务教育法》的规定，国家实行9年制义务教育。凡年满6周岁的儿童，不分性别、民族、种族，都应当入学接受规定年限的义务教育。

条件不具备的地区，可以推迟到 7 周岁入学。在义务教育期间，国家免费为公民提供教育，这些费用包括一切教学场所、设施和教学费用。公民只承担书本费和学杂费。

3. 保护少年儿童权益的规定。我国《宪法》对具有特殊情况的儿童设置专条，进行详细说明。综合有关规定，具体有以下几项措施：享受社会安全的权利。父母应用心照料和保护儿童，国家保证儿童有足够的营养、住宅、娱乐和医院设施。

儿童不受任何形式的歧视、虐待和剥削，更不能成为任何形式的买卖对象。享有特殊保护的权利。儿童生活所需的物质条件应得到充分保障；社会对无家可归和难以生活的儿童应给予特殊照顾；儿童若生活困难，有权获得社会救济。儿童享有独立的人格权，任何侵犯儿童人格权的行为都应受到法律的追究。

我们再来看法律。这里的法律特指全国人民代表大会及其常务委员会制定和认可的法律规范的总称，其效力仅次于宪法。《宪法》第 67 条规定，全国人大常委会制定和修改除应当由全国人民代表大会制定的法律以外的其他法律；在全国人民代表大会闭会期间，对全国人民代表大会制定的法律进行部分补充和修改，但是不得同该法律的基本原则相抵触。

关于未成年人权益保护的法律分为 2 类。一类是专门保护未成年人的法律，包括《未成年人保护法》和《预防未成年人犯罪法》。前者是 1992 年 1 月 1 日起施行的我国建国以来第一部保护未成年人的专门性法律；后者是 1999 年 11 月 1 日起施行的预防未成年人犯罪的专门性法律。

一类是涉及未成年人保护内容的有关法律。这些法律虽然不是专门的保护未成年人的法律，但其中有些内容涉及到了对未成年人的保护。比如上文提及的《宪法》，作为国家的根本大法，在其规定的原则性条款中，有 2 条直接涉及保护未成年人合法权益和培养未成年人的健康成长。该法第 46 条第 2 款规定："国家培养青年、少年、儿童在品德、智力、体质等方面全面发展。"第 49 条第 1 款规定："婚姻、家庭、母亲和儿童受国家的保护。"

涉及未成年人保护内容的法律还有：《刑法》《监狱法》《民法通则》《婚姻法》《收养法》《妇女权益保障法》《义务教育法》《教育法》《职业教育法》《教师法》《劳动法》等。

接下来是行政法规与部门规章。由最高行政机关即国务院根据宪法和法律，在其职权范围内制定的规范性法律文件，其效力仅次于宪法和法律，居于第三层次。国务院下属的各部、委所颁布的部门规章，其效力低于国务院的行政法规。

此外，全国人大及其常委会还可根据需要授权国务院制定某些法律文件，国务院据此制定的有关法规，属于"授权立法"，其效力应高于行政法规，与全国人大及其常委会制定的法律具有同等效力。

国务院发布的其内容直接涉及到未成年人保护的有关行政法规主要有：《卖淫嫖娼人员收容教育办法》《强制戒毒办法》《电影管理条例》《音像制品管理条例》《出版管理条例》《广播电视管理条例》《娱乐场所管理条例》《营业性演出管理条例》《公安部办理未成年人违法犯罪案件的规定》《少年管教所暂行管理办法（试行）》《关于出版少年儿童期刊的若干规定》《关于出版少年儿童读物的若干规定》《文化部、公安部关于加强台球、电子游戏机娱乐活动管理的通知》《文化部、公安部关于严禁利用电子游戏机进行赌博活动的通知》《国家教委关于严格控制中小学生流失问题的若干意见》等。

地方性法规与地方政府规章也有保护未成年人的相关规定。地方性法规是指特定的地方国家权力机关制定的规范性法律文件。

这些特定的地方国家权力机关包括省、自治区、直辖市的人民代表大会及其常务委员会和较大市（包括省、自治区人民政府所在地的市、经济特区所在地的市和经国务院批准的较大的市）的人民代表大会及其常务委员会。地方性法规的效力低于宪法、法律和行政法规，但高于地方政府规章。例如上海市人大常委会 2001 年 7 月 31 日审议通过的《上海市中小学生伤害事故处理条例》。

地方政府规章是省、自治区、直辖市人民政府和较大市的人民政府（包括省、自治区所在地的市人民政府、经济特区所在地的市人民政府和经国务院批准的较大的市人民政府）制定的规范性法律文件。

自治条例和单行条例也有部分涉及未成年人保护内容的。自治条例和单行条例是指民族自治区域的人民代表大会根据宪法、法律制定的在本民族自治区域范围内有效的规范性法律文件。如果是由自治区人民代表大会制定的，则须报请全国人大常委会批准后生效；如果是由自治州、县人民代表大会制定的，则须报请省、自治区人大常委会批准后生效。

特别行政区的法律规范中也有一些保护未成年人的规定。特别行政区的法律规范是指由全国人大通过的和特别行政区依法制定并报全国人大常委会备案的、在该特别行政区内有效的规范性法律文件。一般包括：我国宪法、特别行政区基本法、施行于港澳等特别行政区的全国性法律、特别行政区原有的和新制定的法律。

另外，保护未成年人的还有国际条约。国际条约指我国同国外缔结或加入、批准的国际性法律文件，包括双边或多边条约、公约、协定、宣言、声明、公报等。我国政府缔结或批准加入的国际条约，对我国的一切公民和组织有约束力，必须被遵守，如《儿童权利公约》。

♥ 青少年应该防范引诱

中小学生应当"自觉抵制各种不良行为及违法犯罪行为的引诱和侵害"，对犯罪行为进行两个方面的防范：一是反引诱，以防止自己违法犯罪；一是反侵害，以防范违法犯罪行为对自己的侵害。

在防范引诱方面，广大的中小学生应当自觉做到以下几个方面。

1. 遵守法律、法规及社会公共道德规范。

未成年人要有效地防止自己走上违法犯罪的道路，就必须认真学法，提高识别违法犯罪行为的能力，及时消除违法犯罪的心理倾向，增强法制观念，提高法律意识，自觉遵守各项法律、法规。

比如《刑法》《治安管理处罚条例》《预防未成年人犯罪法》以及其他相关法律、法规等。未成年人要有效地防范违法犯罪行为对自己的侵害，积极同违法犯罪行为做斗争，同样要在自觉遵守法律、法规的基础上，善于用法，及时运用法律武器，正确行使法律、法规所赋予的各项正当权利。

未成年人还应当自觉遵守社会公共道德规范。所谓社会公共道德规范，主要是指人们在日常生活、交往当中逐步形成的有利于维护大家共同利益、体现社会文明进步的行为规范，比如敬老爱幼、爱护公物等。自觉遵守社会公共道德规范，对于养成良好的行为、品德是非常重要的。

大量事实证明，一切违法犯罪行为，首先都是从违反社会公共道德规范开始的，社会公共道德规范是预防违法犯罪行为的一道极为重要的堤坝。

一个人有了良好的品行，就比较容易能够抵制各种不良思潮和不良行为的影响和诱惑，这是未成年人自身预防犯罪的重要基础。因此，要培养一代新风，必须同时从未成年人一代抓起，促成未成年人自觉遵守社会公共道德规范。

2. 树立自尊、自律、自强意识。这是对未成年人进行人格培养，提高其综合素质的一个重要方面。"自尊"，要求未成年人尊重自己的人格，珍重自己的品行；"自律"，要求未成年人能够控制自己的行为，严格要求自己，不能放任自流、随心所欲；"自强"，要求未成年人积极向上，要有进取心、不甘落伍。

"自尊、自律、自强"，从不同的角度构成了一个完整的人格，它是一个很重要的做人准则，对促进未成年人健康成长、充分发挥未成年人自身在预防犯罪方面的作用，是十分必要的。未成年人要顺利地完成个体社会化，成为有理想、有道德、有文化、有纪律的社会主义合法公民，并有效地对违法犯罪行为加强自我防范，最基本的一条就是应当树立自尊意识、自律意识和自强意识。

3. 增强辨别是非和自我保护的能力。这是未成年人对犯罪进行自我防范的一个重要的主观条件。"辨别是非"能力是对犯罪进行自我防范的前提条件。未成年人如果是非标准不清，罪与非罪的界限不明，就谈不上自觉去预防犯罪。

"自我保护"的能力是指未成年人在受到各种不良行为和违法犯罪行为侵害时，能够摆脱、制止以及对自己进行保护的能力。

实践中，有许多未成年人在受到他人不法侵害时，由于得不到有效的保护，不能及时摆脱恶劣环境，最后也走上犯罪道路，由原来的受侵害者变成侵害者。因此，加强未成年人对各种不良行为和违法犯罪行为的自我保护能力，是未成年人对犯罪进行自我防范的一个重要内容。国家、社会、学校、家庭等应大力加强法制教育、道德教育，增强其辨别是非的能力，使其能自觉地抵制各种不良行为和违法犯罪行为的引诱，有效地预防未成年人跌入违法犯罪的泥潭。

另外，未成年人自我保护能力的有无与强弱，将直接关系他们是否能积极地预防被害，是否能有效地减轻被害的程度，是否能有效地自救与互救。为此，国家、社会、学校、家庭等应大力加强有关被害预防方面的教育，提高未成年人的防范能力。

应学会怎样防范侵害

广大的中小学生不仅要防范引诱，还应当学会防范侵害，依法维护自己的合法权益。学会防范侵害应该从以下3个方面做起。

第一，防范遗弃、虐待等侵害行为。

遗弃主要是指父母或者其他监护人对于未成年人负有抚养或者监护义务而拒绝履行义务的行为。抚养是指父母从物质上、经济上对未成年子女养育和照料，包括负担未成年子女的生活费、教育费，在生活上照料未成年子女等等。

教育是指父母在思想、品德、学业等方面对未成年子女的全面培养，引导子女沿着正确方向健康成长。虐待主要指父母或者其他监护人对于由其抚养或者监护的未成年人所实施的经常性的虐待行为。

被遗弃、被虐待的未成年人可以向公安机关、民政部门、共青团、妇联、未成年人保护组织或者学校、城市居民委员会、农村居民委员会等有关部门和组织请求保护。可以用口头、书面的方式，也可以由第三人代为转达。该机关或组织都应当接受。

第二，广大的中小学生应加强自身防护意识。

为有效避免成为抢劫或抢夺金钱的目标，青少年随身携带的贵重物品尽量不外露，单独外出不轻易带过多的现金；现金或贵重物品最好贴身携带，不要置于手提包或书包内；尽量避免在午休、深夜或人少的时候单独外出；不要单独滞留或行走在偏僻，阴暗处；更不要进入网吧、酒吧等青少年不宜的娱乐场所。

女孩子不要轻信他人花言巧语，随便跟陌生男性或不甚熟悉的男性

外出；尽可能避免独自外出，结伴而行为宜，实在不得已需要单独外出，千万不要独自在偏远、阴暗的林间小道、山路上行走，不到行人稀少，环境阴暗、偏僻的地方、避开无人之地；尽量避免深夜滞留在外不归或晚归。

一旦侵害发生，犯罪分子已近在眼前，青少年首先要保持精神上的镇定和心理上的平静，克服畏惧、恐慌情绪，冷静分析自己所处的环境，对比双方的力量，用智慧和勇气来保护自己。

如果发现被歹徒盯上，应迅速向附近的商店、繁华热闹的街道转移，那里人来人往，歹徒不敢胡作非为，还可以就近进入居民区，求得帮助；如果被歹徒纠缠，应高声喝令其走开，千万不要露出胆怯怕事的神情，迅速以随身携带的雨伞和就地拣到的木棍、砖块等作防御，同时迅速跑向人多的地方；遇到拦路抢劫的歹徒，可以将身上少量的财物交给歹徒，应付周旋，同时仔细记下歹徒的相貌、身高、口音、衣着、逃离的方向等情况，寻找一切机会迅速报警；如果遇到凶恶的歹徒，自己又无法脱离危险，就一定要奋力反抗，免受伤害。

反抗时，要大声呼喊以震慑歹徒；动作要突然迅速，打击歹徒的要害部位，在此过程中要不断寻找机会脱身。但是必须切记，不到迫不得已时不要轻易与歹徒发生正面冲突，最重要的是要运用智慧、随机应变。如果不幸被侵害，一定要拿起法律的武器维护自己的合法权益，将犯罪分子绳之以法，保护其他同龄人不再遭受同样的事情，因畏惧报复而忍气吞声只会给自己身心带来更大的伤害。

第三，未成年人发现违法犯罪行为应及时举报。

未成年人发现的违法犯罪行为主要是指由未成年人所亲眼目睹的、针对未成年人所实施的违法犯罪行为。包括违法犯罪人对该未成年人所实施的违法犯罪行为，也包括对其他未成年人实施的违法犯罪行为。

1. 举报范围。未成年人所举报的违法犯罪行为，主要是"对自己或者其他未成年人实施"的违法犯罪行为；做此规定，主要是立足于未成年人对违法犯罪的自我防范，使自己或者其他未成年人避免被害、减少被害、降低被害的程度。

2. 举报方法。考虑到未成年人年龄较小，心理尚不成熟，社会经验缺

乏，对举报机关不太了解，未成年人"可以通过所在学校、其父母或者其他监护人"就违法犯罪行为举报。同时，未成年人"也可以自己"向有关机关直接举报。

3. 举报受理机关。未成年人发现任何人对自己或者其他人有不法行为，均可向公安机关举报，包括向当地的公安局、公安分局、公安派出所乃至治安民警、巡警举报。此外，还可向如工商行政管理部门等政府有关主管部门报告。

4. 举报效力。公安机关或者政府有关主管部门，应当认真听取举报内容，有力打击违法犯罪的行为，保护未成年人的合法利益。对误报、错报的，要对该未成年人应该进行法制宣传教育；对谎报的，应进行严肃的批评，甚至必要的行政处罚；对因未成年人受他人唆使的诬告，受理机关应严肃处理，除批评该未成年人外，还应对教唆者严加查办，直至追究刑事责任。

学生应依法正当防卫

正当防卫是法律赋予公民的一项权利，也是向犯罪行为作斗争的重要手段。公民对因实施正当防卫行为而给对方造成的伤害，不负法律责任。

为了使公共利益、本人和他人的人身或其他权利免受正在进行的不法侵害而对实施侵害的人所采取的必要的防卫行为，这就是正当防卫。例如，当杀人犯举刀砍向你时，你用铁棒将杀人犯打伤或打死；妇女为了免遭强暴而把犯罪分子打伤甚至打死等等，这些都是依法正当防卫。由此可见，正当防卫是我们广大青少年在遭到犯罪分子不法侵害时进行自我保护的重要武器，大家要学会运用这一武器，在必要和可能时，用以保护自己人身和财物的安全。

青少年学生在进行正当防卫时必须注意 2 点：

1. 在犯罪分子没有威胁到自己生命安全的时候，不宜采取正当防卫，以免产生不良后果。即使在生命安全受到威胁的情况下实施正当防卫时，也要尽量采取巧妙的方法，讲究斗争艺术。因为少年儿童势单力薄，直接

公开反抗很难取得成功。

2. 正当防卫给侵害者造成的损害要有一定的限度，超过这个限度，就会走向反面，可能受到法律的追究。

为了防止出现这种情况，在实施正当防卫时需要做到：

1. 正当防卫必须是针对不法侵害行为实施的，如果对方只是口头威胁而没有行动，你就不能采取正当防卫。

2. 正当防卫必须在不法侵害行为正在进行的过程中实施。若对方已停止不法侵害行为，自己不得继续采取正当防卫行为。

3. 正当防卫的目的是为了保卫公共、本人或者他人的合法权益。如果为了伤害对方而故意挑逗对方向自己进攻，然后再以此为借口来进行"防卫"，达到伤害对方的目的，这就不属正当防卫而是违法行为了。

居家自我保护与安全防范

♥预防使用家电时触电

根据公安部门掌握的规律，中小学生的触电事故多数发生在家中。常见的起因有以下 5 个。

1. 身体碰到带电的裸线或者是绝缘体破损的电线。

2. 身体碰到带电的灯头开关、插座的导电部分或非完好的电器部件。

3. 湿手接触未经安全接地（或保护接零）而且漏电的电器外壳。

4. 在绝缘电线上晾晒衣物或牵挂铁丝等金属物，使电线的绝缘层磨损而导致触电。

5. 在单根线路上装接过多的电器，造成电流超过电线和器件的承载能力，从而导致人身触电事故或火灾。

在触电的众多原因中，大部分都与家电有关。家用电器是以电能为动力满足人们居家生活需要的功能性器具或设备。由于电能的物理特性，如若使用不当，瞬间即会引发火灾或致死人命。显然，预防家用电器使用中的触电问题必须引起我们的高度重视。

首先，广大的中小学生应加强用电的安全意识。那么，如何才能加强用电的安全意识呢？或者说，大家应该怎么做呢？具体来说，广大的中小学生应该做到以下几点。

1. 要了解电的一般知识，了解用电注意事项。由于触电会导致人体烧伤、致残，甚至死亡，因此，不能用手或人体的其他部位接触电源和导体，同时也杜绝使用金属物、潮湿物件等导体接触电源、电路、电器。

2. 使用家电前，特别是不熟悉的家用电器，要先仔细阅读使用说明书，了解每个按钮、开关的用途，记住具体操作程序，明确使用该电器的注意事项，并严格、认真地加以执行。

3. 使用电炉、电取暖器、电熨斗、电水壶、电饭煲等热能性电器设备时，人不能离开时间太长，而且使用完毕后必须随时切断电源。

4. 某件电器开启工作一段时间后，如果需要知道设备外壳是否发热时，应该用手背轻轻接触，而不得用手掌去触摸，以免由于机壳漏电而伤人。

5. 电器用完后应先关掉电源开关，然后再拔出电源插头。拔插头时，要用手指握住插头绝缘体，切不可不握插头而只拽导线。

6. 遇到停电时，要关闭家中所有电器开关，以防止来电后因无人看管而酿成事故。

在加强用电安全意识的同时，广大的中小学生还应学会正确使用常见的家用电器。下面，我们就向大家介绍一些常见家电的使用方法。

电视机是家庭中最常见的家电之一，安全使用电视机是中小学生必须学会的。电视机爆炸起火事件在国内外都时有发生。

分析电视机起火或爆炸的原因，除了产品本身的质量问题外，有的是使用时间过长，或者关机后电源未切断，机内热量过高，烧坏电子元件，以致电源变压器的线圈短路，绝缘层炭化而起火；有的是电源电压不稳，造成短路起火；有的是雷雨天气时，雷电通过室外架设的电视天线导入电视内，使电视机起火或使显像管爆炸……

为了预防电视机起火爆炸，必须掌握安全使用的有关知识。首先，要及时发现和排除电视机故障。这些故障一般总是有迹象、有先兆的，例如电视机里放出刺鼻的臭味，荧光屏上的图像突然消失，或者有雪花状的亮点在闪烁，或者发出耀眼的白光，等等。这些迹象往往表明机内出现高压放电。此时，应立即关掉电视机，然后送到专业商店去修理。

万一面临电视机起火，要采用正确的方法灭火。电视机内突然冒烟，不可用水去浇，而应首先拔下电源插头，接着用棉被等不透气的物品把电视机紧紧包裹住，机内缺乏空气，火便会自灭。

最根本的防范措施是平时要摆放好、使用好电视机。摆放电视机的地

方必须便于通风散热，接触不到水。存放汽油、酒精、油漆、液化石油气的房间内，严禁摆放、使用电视机和其他家用电器。

一次使用电视机的时间不要过长，一般以控制在五六个小时之内为好；若需连续收看，应关机散热一段时间后再开。

看完电视后，应拔掉电源插头，并且等到机内高温散发后再加上布罩。

电视机用过一段时间后，应打开后盖用微型吸尘器或软毛刷清除机内灰尘。

使用室外天线的电视机，遇到雷雨天气应尽量不要开机，而且要把连接室外天线与电视机的插头拔掉，以防雷击。

洗衣机也是现代家庭中最为常见的家电之一，广大的中小学生应该学会正确地使用洗衣机。使用洗衣机的正确方法如下：

1. 一次放入洗衣机内的衣物不能超过规定的重量，而且事先要把衣服上的绳、带、发夹、硬币等小物件取出或作固定处理，以防波轮被卡住，或超负荷运转，甚至停止运转。倘若这种状况持续一定时间，则电机就有可能因线圈过热发生短路故障而起火。

2. 沾有油漆、柏油、油渍等污物的衣服用汽油、酒精、香蕉水、苯类等易燃液体洗刷过后，应拿到室外晾干，使易燃液体挥发尽后再放入洗衣机内洗涤。否则，这些极易挥发、相对密度很低、又不溶于水的可燃物分子在洗衣机内和空气混合，达到一定浓度后，可能形成爆炸性混合气体，一旦遇到洗衣机的定时器、连锁开关或传动皮带在转动中产生的火花或静电，便会导致爆炸或起火。

下面，我们再向广大的中小学生介绍一下如何安全地使用电冰箱。

1. 使用电冰箱应该经常除霜。特别是接水盘容量小的电冰箱，更要注意这一点，以免电冰箱内结冰过多，化霜时有水滴顺着内壁流入监控、照明等电气元件上，产生漏电打火现象，引起电冰箱内壁的塑料燃烧。南京市鼓楼区一居民家中的电冰箱，正是这样起火的。

2. 使用电冰箱的时候应该注意电冰箱内不能存放酒精、乙醚、汽油等化学物品和丁烷气瓶等压力容器。因为这些物品即使在瓶口密封和低温条件下，也极易挥发，电冰箱的电动机在启动或关闭时，电气开关内的金属触点上可能迸发出电火花，一旦遇到这些挥发的易燃气体，即会发生爆炸

燃烧。南京某大学一位职工家里，就发生过因将一瓶丁烷气放在电冰箱内而在深夜爆炸的事件，冰箱门被炸飞，箱体变形全毁。

3. 使用完电冰箱之后应该切断电源，5分钟内不得再接通电源使用。因为断电后，电冰箱内的制冷剂在制冷系统中需要经过3~5分钟时间才能降温减压，如果在制冷剂处于高温高压的气化状态下接通电源，这时电动机的启动电流超过正常值约10倍，容易烧毁电动机，甚至造成意外事故。鉴于这一点，青少年学生切不可拿电冰箱开关闹着玩，时关时开。如果给电冰箱安上一个"家用电冰箱全自动保护器"，那么安全系数便大多了。

电熨斗是日常生活常用的电器之一，如何安全地使用电熨斗是广大的中小学生必须掌握的知识。

电熨斗不同于其他家用电器，它是随着通电时间的增长而不断升温的。一只70瓦的电熨斗通电50分钟后，其表面温度可高达650℃。如将它平放在一厘米厚的松木板上，一分钟后木板就会燃烧起来。另外，使用如不得法，电熨斗本身也可能直接起火，所以青少年学生在使用中应该格外谨慎。

平时使用电熨斗应注意的安全问题比较多，归纳起来，大致有以下几点：

1. 使用时人不要离开。由于电熨斗升温速度快，若在操作时间内离开去干别的事，电熨斗表面会因通电时间长而温度过高，使触及的衣服或器物起火。

2. 掌握适当的温度。要做到这一点，首先必须懂得什么料子的衣服应使用多高的温度，在电熨斗的说明书上，对此以及对调节温度的方法一般都有介绍，使用前应仔细阅读。

3. 要选择合适的搁置物。从电熨斗通电使用到结束，都不可将它放在木板、塑料等可燃物上，也不可放在木板、塑料等可燃物上面的金属块等传热物上，以防高温传导到下面的可燃物上引起火灾。有的电熨斗配有搁置架，否则可用不燃隔热材料做一个带撑脚的电熨斗专用支架。如果家中置有烫衣板，则可放在其一侧的铁架子上。

4. 使用过程中遇到停电时，必须拔下电源插头，谨防来电后电熨斗持续加热出现高温，导致旁边或底部的可燃物炭化起火。使用中如要去干别的事，也不可忘记拔掉电源插头。

5. 每次用完电熨斗，必须等它冷却后才可收藏。据测试，普通电熨斗从600℃降到30℃，需要一个多小时，如过早收拾、存放，电熨斗上的余热可能引燃存放处的可燃物而起火。

6. 不能随便把别人家的电熨斗借回家中使用，因为不同容量的电度表适用不同功率的电熨斗，而各家的电度表是不一定相同的。一般情况下，2.5安（培）的电度表应用300瓦的电熨斗。3安（培）的电度表可用500瓦的电熨斗。如果小电度表用上大功率电熨斗，则可能烧坏电度表或使电源线路过热起火。

电热毯是我国冬季取暖的主要电器之一。那么，如何正确地使用电热毯呢？归纳起来，安全地使用电热毯，主要应该注意以下几点：

1. 区别类型，谨慎选择。电热毯的性能，因其中的电热丝不同而有所区别，主要分为直线型和螺旋形两大类。后者比前者价格高，质量好，抗拉力强，抗折叠性能好，可在各种床上使用；而直线型电热毯不能用在席梦思、钢丝床、弹簧床等伸缩性较大的床上。选用不当，难免发生危险。

2. 小心铺放，小心折叠，防止造成电热丝短路。使用电热毯的床垫必须平整，不能有尖锐突起部分；电热毯必须平铺在床上，最好在电热毯的四角缝上布，再分别用带子扣在床的四条腿上，以防睡觉时电热毯拱折。收藏时尽量不要折叠，防止电热丝被折断。洗涤时，要用毛刷蘸水刷洗，不能用手揉搓。最理想的办法是在电热毯外面罩一层布套，脏了只要脱下布套洗净即可。

3. 用完不忘拔下电源插头。电热毯的控制键（调温开关）上，一般标高温、低温两个挡位，使用时不可拨错。一般电热毯接通电源后30分钟，温度就可升到38℃左右。此时，应把调温开关拨到低档，或者关掉。不然，加热时间过长，温度持续升高，容易使电热毯上的棉布炭化起火。铺有电热毯的床上，不可堆放重物，更不可在床上蹦跳。使用中若出现开关不灵、时热时不热或者根本不热等故障，应送专业商店维修。取回后，通电观察两三个小时，确认一切正常后方可使用。

4. 要定期更换电热毯。一般情况下，用过3~5年就应更新，否则容易出事。安徽省无为县曾经发生一场大火，烧毁8户居民的住房及一些店铺、仓库，损失惨重。事后经消防部门调查，引起这场火灾的原因，就是一户

居民长期使用的一条旧电热毯老化短路而起火。

在几年前，一般家庭对空调器还不敢问津。最近一两年里，特别在夏季炎热的南方城市，家庭安装空调器基本普及了。使用空调器，有利于提高家庭生活质量，但是这种高档家用电器有时也会"发火"。尤其是窗式空调器，如果安装使用不当，更会潜伏着种种危险。

使用窗式空调器必须注意：不要硬把家用窗式空调器的单相三线插头插到 380 伏的三相电源上去，否则插头会被击穿，从而引起电源线起火。

使用空调器制热时，不要让窗帘和其他可燃物靠近它，防止这些可燃物受热时间过长而起火。在使用过程中要注意空调器的声响、性能变化，发现异常情况要立即关机，拔下电源插头。

在家时谨防发生火灾

火灾、触电、中毒，是对人类生命安全构成重大威胁的 3 种人为灾害事故，对于缺乏安全知识的青少年学生危害尤其大。

水火无情。一旦发生火灾，损失大多惨重。其中，由于青少年学生不懂得防火知识和缺乏火患意识而引起的占有一定比例。据统计，全国特大火灾事故中，因小孩玩火而造成的约占 9%，而且这个比例有上升的趋势。

为了使青少年学生懂得预防火灾，家长先应负起教导、监护的责任。平时要对子女进行必要的防火教育，比如不玩火，不吸烟，按正确的方法操作家用电器，安全使用明火和安全燃放烟花爆竹，等等。其次，要管好火源和易燃物品，把火柴、打火机等点火物和汽油、酒精等易燃物收放在小孩拿不到的地方；经常查看孩子的口袋，发现火柴及时收走；不要随意让小孩使用液化石油气和煤气灶具，也不要让他们随意给煤油炉、煤油灯加油，等等。经济条件比较好的家庭，还可置备小型灭火器、安装防火报警装置。

青少年学生自己应该怎样预防火灾呢？我们结合一些案例，分若干个具体问题，来细谈一下。

我们先来看一下使用煤炉时应该怎样防火。在城镇和农村中，还有不少家庭仍旧使用煤炉。从防火灾的角度讲，与煤气、液化石油气相比，煤炉要安全得多，但使用不当，也会引发火灾。预防煤炉失火，必须做到4点：

1. 煤炉如放在地板上，必须在底下垫置大面积的水泥板或者铺置砖头等隔热物，防止煤炉的高温直接炙烤，引起地板燃烧。

2. 从煤炉内拣出的煤渣，应先放在不能燃烧的容器中，待冷却后倒掉。千万不可将高温的炉渣直接放在地板或其他易燃的器物上，也不要将未经冷却的煤渣扔到竹筐、垃圾箱内。

3. 煤炉附近不要堆放可燃物品，如木柴、废纸等。

4. 在煤炉上烘烤潮湿衣服时，要保持一定距离，而且人不可走开。

其次，我们再来看使用炉灶时应该怎样防火。为数不少的农民家庭至今仍然使用泥、砖砌的旧式炉灶，以柴草作燃料。这种炉灶稍有不慎就会失火。

1995年7月14日上午，有位同学因为在学校做作业，所以直到12点多才回到家中。烧饭时，他心急慌忙，将点燃的麦秸在灶膛口随便一塞，就匆匆地跑到灶前去做事了。不一会儿，灶膛里的麦草带着火苗散落到地上，顿时，灶间里一大堆麦草全被点着了。小张见状，连忙过去扑救，终因势单力薄，未能见效，不仅3间房子全部化为灰烬，连他自己也被烧伤，住进了医院。

这起火灾给我们的教训是：

1. 用旧式灶头烧饭，人离开灶膛前，必须把点燃的柴草完全送入膛内，要确保不会掉出来引起火灾。

2. 灶间堆放的柴草宜少不宜多，以每次烧饭需要的用量为限。

3. 一旦灶间失火，在没有绝对把握扑灭的情况下，应该迅速呼救求援，将火灾扑灭在初起阶段。

4. 任何时候任何情况下，用火烧饭都必须把安全放在第一位，切不可手忙脚乱或粗心大意，酿成灾祸。

另外，在用火柴或打火机点燃柴草烧饭时，也要防止火星散落到灶间堆放的柴草上而引起火灾。饭烧完后，要检查一下灶间有无火灾隐患。人离家外出之前，应将灶膛内的余火熄灭，以防死灰复燃。

接下来，我们再来看看使用蜡烛时应该怎样防火。现在用蜡烛照明的

人家已经很少了。不过，把点燃的蜡烛放在家中的佛龛、神案前或者灵堂的遗像牌位下的并不少见。生日、祝寿用蜡烛的现象相当普遍。还有住校学生，熄灯后在床上帐子里点蜡烛用功的现象也不少见。这些情况若不注意，都会引起火灾。

有一位同学的母亲过生日，为此，小李特地点燃了一对大红寿烛。可是，这天母亲下班很晚。寿烛渐渐燃尽，最后烧着了桌面。小李一看不妙，奔过去扑救。岂料适得其反，他在慌乱中将旁边的纸头、扫帚、电线全引着了火。于是，一场大火降临，房屋烧毁，人被烧伤。

使用蜡烛一定要注意以下几点：

1. 蜡烛点燃后必须牢牢地固定在不易燃烧的器物上（如铁皮、玻璃片、瓷器等，当然，最好是专用的烛台），附近不能有可燃物品。

2. 蜡烛应该安放平稳，防止倒下来引燃其他物品。如无专用烛台，可自己动手制作烛台，如用一根铁钉从不易燃烧的器物的底部往上钉穿，即可。

3. 外出或睡觉时，应把蜡烛熄灭，不留火患。睡觉时切勿为了"壮胆"，或者贪图"起夜"方便而不将烛火熄灭。

4. 千万不要在床上、在帐子里点蜡烛看书。

5. 手持蜡烛寻物，不要靠近可燃物品。

使用蜡烛稍有不慎就会引起火灾，但是广大的中小学生使用蜡烛的概率毕竟比较少。但是，炒菜就不同了，家中每天都要炒菜做饭，炒菜做饭时稍有不慎也会引起火灾。那么，我们在炒菜做饭时应该怎样防火呢？

炒菜使用的食油，无论是植物油还是动物油，都属于可燃物，锅内加热到45℃左右，油便会燃烧，火焰可以窜起几尺高。根据食油的这种特性，炒菜时要先把菜洗净切好，然后在锅里放上油，看见锅里有热气，就把菜放下去炒，免得时间过长油在锅里起火。需要指出的是，现在不少人为了炒的菜好吃，总要等到锅里的油冒烟才放下菜去炒。这样的做法有2大危险：（1）是油温过高易起火；（2）是油锅里散发出来的气体有害，过多地吸入容易致癌。

万一油锅起火，切不可惊慌失措。只要用锅盖一盖，或者用一大块湿布，从自己的一侧倾斜着遮盖到起火的油锅上，隔绝外界与油锅的空气流动，燃烧着的油火便会因为接触不到空气而自行熄灭。如果厨房内有切好的蔬菜或者其他生冷食物，可沿着锅的边缘倒入锅内（防止油火溢出锅外伤了自己），利用生菜与着火油品的温度差，使锅里燃烧着的油品温度下降，油火也就会自动熄灭了。

如果扑灭油锅起火的方法不当，极易引发火灾。比如，用水往油锅里浇，冷水遇到高温热油，就会"炸锅"（因为油不能溶于水），使油火到处飞溅，这样很容易形成火灾和造成自伤。再如，若用双手去端起着火的油锅，把油火倒入旁边水池里，不仅由于油锅温度高，容易烫伤手，而且油火遇水会反蹿上来，烧伤人的面部。

使用火炉取暖也是我国北方冬季常见的现象。那么，使用火炉取暖时应该怎样防火呢？

寒冬腊月，冰天雪地，不少人家在房间里安装火炉取暖。倘若火炉安装、使用不当，也容易发生火灾。青少年学生掌握一些这方面的知识，不仅可以提醒家长按正确的方法，选择合适的位置安装火炉，而且自己使用火炉也能确保安全。

安装火炉，必须使炉子、烟囱与可燃物隔离。烟囱经过的空间，周围30厘米内不能有可燃物。假如房间铺有地板，还要用14厘米以上厚度的水泥板、砖块等物铺成炉底（铁皮等传热物不可垫底），将火炉安放在上面；炉前用50平方厘米的不燃材料盖在地板上。

铁皮烟囱的节与节之间要衔接紧密。火炉与板壁、家具等可燃物之间须相隔1米以上，若房间面积小，间距不到1米，可用不燃材料（如石板、水泥板等）将火炉围起来。砖木结构的瓦房，窗外烟囱必须高出屋檐0.5米，以防烟囱里冒出的火星落下来起火。

在使用火炉取暖时，严禁用汽油、煤油、柴油、酒精等引火，以免点燃后火焰蹿起，酿成火灾。火炉周围不得堆放容易被烘烤着火的易燃物品（如油料、木柴、衣服等）。烘烤的衣物必须距火炉1米以外，也不能直接把衣物放在烟囱上烘烤。

在喜庆的日子里，人们往往燃放烟花爆竹，表达喜悦之情，增添欢乐气氛。这时，青少年学生总是最高兴，积极性也最高。然而，燃放烟花爆竹容易招致人身伤害和火灾事故。因此，燃放烟花爆竹必须注意安全。

首先，购买烟花爆竹时，要选择印有生产厂家商标和燃放说明的小鞭炮、双响及普通烟花，这类烟花爆竹比较安全。"穿天猴"、拉炮、土火箭、"地老鼠"、摔炮等无定向的烟花爆竹，危险性较大。

燃放前，要选择合适的地点——开阔空地。不要在室内、阳台上和草房、草堆、物资仓库、加油站附近及行人、车辆多的马路上、弄堂内燃放。新疆伊犁地区一个 12 岁的小学生，在某单位礼堂舞台上燃放"地老鼠"，引燃了堆放在一旁的花圈，凶猛的烈火烧死了数百名正在看电影的小朋友，教训非常深刻。

燃放烟花爆竹时，先要细看燃放说明，然后按照规定的方法和要求燃放。小鞭炮要用竹竿挑着放；双响和烟花不能用手拿着放或者甩放，应直立于地面上放，上下向不可颠倒。点燃后，人要赶快离去，而且尽可能离得远一点，免得被炸伤或者烧坏衣服。如果烟花爆竹点燃后不响，千万不能马上跑过去察看，至少要等三五分钟后才能去看，防止突然爆炸。

中小学生燃放烟花爆竹时，要有家长或成年人看管指导，不可随便乱放，而且，要防止鞭炮飞到别人家中起火伤人。

烟花爆竹保存在家里时，也要注意安全。存放的地方必须没有可燃物，要离开火源、电源、热源远一些，而且不能让老鼠昆虫接触到，以防烟花爆竹自燃成灾，或者被鼠、虫咬啃引起爆炸燃烧。

应预防气体燃料着火

目前，用于家庭生活的气体燃料主要有 3 类：煤气、液化石油气、沼气。煤气、液化石油气的用户主要是城镇居民，沼气则是农民利用自己建造的户用沼气发酵池供气使用的。这 3 种家用气体燃料都属于易燃易爆气体，使用不当都有爆炸起火的可能。比较而言，煤气、液化石油气一旦成灾，比沼气危害更大。

煤气若有泄漏，与空气混合达到一定浓度，遇到明火便会燃烧或爆炸。煤气燃烧爆炸时不仅火焰的温度高，而且扩散速度快，危害特别严重，哪怕是钢筋水泥建筑物，也能被炸得墙倒屋塌。

为了预防煤气燃烧爆炸，必须注意 2 点：

第一，要学会正确处理煤气泄漏的方法。通常情况下，煤气漏气的原因主要有6种：

1. 煤气表、管道进气旋塞阀或煤气管道与灶具的接头松动，或者其中的填料老化。

2. 灶具的开关芯子部位或者开关阀同喷嘴的连接处密封不严。

3. 管道阀门的阀杆与压母之间的缝隙处填料松动。

4. 连接灶具的橡皮管两端接头处松动。

5. 橡皮管年久老化出现裂纹。

6. 管道或煤气表本身受煤气腐蚀而生锈穿孔。

如果你在家中闻到煤气味，千万不要划火柴或使用打火机，而且也不能开、关电灯，拉（合）电闸，拖拉金属器具等，这些动作都容易导致产生火花，引起煤气爆炸。正确的处置方法是：首先关闭煤气管道进气旋塞阀，断绝气源。在门窗外没有火源的情况下，应打开门窗放进空气，释放室内的煤气。然后，通知煤气公司速来抢修。倘若煤气泄漏严重，则应拨打火警电话"119"，向消防部门报警。

第二，要严格按照有关规定，安全使用煤气。点火后人不能远离，谨防火焰被风吹灭或者被煮沸外溢的汤水浇灭；否则，煤气大量从燃具的火孔中外泄，一遇明火就会形成火灾。不用煤气时，必须立刻切断气源（即把煤气表前的管道进气开关和灶具上的旋塞阀开关全部关闭）。

厨房间内不可存放木柴、纸盒、汽油、煤油、酒精等易燃易爆物品，不可使用煤炉、煤油炉等有明火的炉具，也不要在里面睡觉。否则，一旦煤气泄漏，就会造成严重后果。

家中装有煤气取暖器的，使用过程中也应谨防火灾。方法是：保持房间通风透气，睡觉时停止使用。家庭使用煤气热水器的，要督促父母不将热水器安装在洗澡间里，因为洗澡时门窗紧闭，热蒸汽增多，而煤气燃烧时要消耗大量氧气，如得不到新鲜空气的补充，煤气热水器上的火焰就会自动熄灭，从而形成煤气泄漏，使人中毒或引起火灾事故。

液化石油气是石油加工过程中的一种副产品——碳氢化合物。常温常压下呈气体状态，在不断降温或加大压力的条件下变成液态，这就是它必须用特制钢瓶贮存的原因。它因使用方便，少污染，因而成为目前城乡居

民常用的燃料。但是，使用中稍有不慎，或灶具设备出现故障，也很容易燃烧爆炸。据测试，1 千克液化石油气爆炸的威力相当于几千克的梯恩梯炸药。

使用液化石油气，必须注意以下 8 条：

1. 不懂得液化石油气的安全使用知识，决不贸然使用，更不可玩弄液化石油气设备。

2. 液化石油气钢瓶与灶具之间的距离必须大于 0.5 米，防止灶火长时间烘烤钢瓶而引起灾害事故。

3. 灶具点火后人不可远离，防止风把火焰吹灭，或者煮沸的汤水溢出淋灭火焰，引起气体泄漏酿成灾害事故。用完后，先拧紧钢瓶角阀，再关掉灶具气阀。

4. 液化石油气灶不可与煤炉、煤油炉等灶具同放一室使用。

5. 不可用热水烫钢瓶或用火烧钢瓶。当液化石油气使用中火苗不旺时，有些人就用上述办法给钢瓶加温，这是十分危险的，特别是用火烧，更容易造成爆炸事故。

6. 不可私自倾倒残液。

还有些人错误地认为，把残液倒在抽水马桶内、厕所粪池里、地下阴沟中不会出事。其实，这样做危害更大，因为残液不能溶解于水，只会在空间四处散发，若遇明火就会燃烧爆炸。

7. 不可自行修理液化石油气设备。

8. 换气时要注意安全。一般情况下，换气应让家长去。如果家长外出，高年级学生自己去换，一定要谨慎，特别是换气回家后，要安装好调压器。安装前，应先看清调压器进气管前面的密封圈是否套在上面（防脱落），是否老化损坏。在确认一切正常的情况下，将调压器端平对准角阀，往左（逆时针方向）拧紧调压器手轮，直到拧不动为止。然后，用小毛刷蘸肥皂水抹在连接处，检查是否漏气。只有在不见肥皂水起泡（不漏气）时，才能使用。如果密封圈丢失、损坏，应购买新的调压器换上，不可自己制作代用密封圈。

农村中小学生使用沼气的注意事项，可以参照以上所列的相应条款。需要特别指出的是，沼气的气源一般就在自己家里。所以，保护气源，是安全使用沼气的特殊内容。有的农村青少年学生想提高家中沼气池的产气量，把汽油、电石等易燃易爆化学物品投放到沼气池内，结果引起沼气池爆炸；也有在池内放进过量的油饼或干草，结果产生有毒气体，导致人畜中毒；还有人把农药倒进沼气池内，结果不仅提高不了产气量，还杀灭了促进沼气产生的烷菌。

♥ 要学会化解家庭暴力

家庭生活中，有的成员个性强，脾气倔强，遇到问题容易冲动，动辄出手伤人；也有的成员经常受到压抑，精神郁闷，终于有一天难以承受，发生暴力冲突。

显然，家庭暴力破坏了家庭的祥和、温馨与安宁，不仅影响着家庭成员间的正常关系，而且威胁着家庭的生活环境与条件，给家庭成员带来精神压抑和情绪影响。家庭暴力的表现形式，以家庭成员的身份划分：有夫妻型暴力、长辈子女型暴力、子女长辈型暴力、兄弟姐妹妯娌型暴力。

在夫妻型暴力中，双方常因家庭琐事、财产纠纷、感情问题等矛盾升级为暴力冲突。在长辈子女型暴力中，常常表现为长辈管教子女方式不当，或管教中子女顶撞长辈，导致长辈情绪冲动而实施暴力。在子女长辈型暴力中，常因子女反感长辈管教方式而发生，多表现为子女的报复和反抗，并造成伤亡。在同辈型暴力中，主要是由于矛盾纠纷、利益协调不当而导致的大打出手。

面对家庭暴力，中小学生应该学会积极化解的办法。由于青少年正处于社会化过程中，这种个体修养上的不成熟性容易使他们产生对管束的逆反心理、对暴力的模仿心理、对利益的占有心理，以及对压抑的报复心理。上述心理特征遇到家庭教育方式不当，学校素质教育缺失，家庭冲突过多或父母感情不和而导致家庭破裂时，青少年易在家庭暴力中走向犯罪。

那么，中小学生应该怎样防范家庭暴力呢？青少年一方面不应成为家庭暴力的犯罪者，另一方面也不应成为家庭暴力的受害者。面对家庭暴力，他们应当如何应对并保护自己呢？

1. 面对突如其来的家庭暴力要保持冷静，积极劝阻。由于青少年的身

份具有特殊性，因此，他们的劝阻有时具有一定的有效性。

2. 注意保护自己的人身安全。当冲突双方已经无人能够劝阻，且有生命危险时，要向邻居、社会大声求救，或拨打"110"报警电话。如果自己是施暴对象，则应该设法逃离现场，或寻求他人保护。

3. 阻止家庭暴力，工作在平时。平时要在家中积极宣传家庭成员间要相互理解、关心和帮助，宣传法律、法规，营造和睦的家庭氛围。遇有家庭矛盾时，主张通过沟通和交流的方式加以解决。

4. 暴力发生后要尽快作好救治。属于轻伤，要认真作好家庭护理；属于重伤，要立刻送往医院抢救。

5. 向有关部门报案。为了遏止家庭暴力，当家人劝阻无效时，应及时向当地公安局派出所报案，或向当地社区管理机构寻求帮助解决。

广大的中小学生除了应学会化解家庭暴力的方法以外，还应理性分析家长的话。家长对子女的影响是最直接、最重要的，因为他们有着血缘关系，长期生活在一起，而且子女的生活、求学全依赖于家长。应该说，绝大多数家长能用自己良好的形象引导子女健康成长，但也不可否认，现实中确有少数家长在子女面前常有一些不正确甚至不道德、不守法的言行。这种家庭里的青少年学生，对家长的言行应该作出正确的分析判断。这是一种特殊的自我保护，对于少数"特殊家庭"来说，它绝不是可有可无的。

应重视家务活动安全

家务活动涉及衣食住用行等各个方面，它既是人们生活经验的运用，同时也是生活知识的积累。在众多家务活动中，由于活动内容、对象及目的的不同，因此，其活动方式、操作程序及技巧是不同的。但是，无论哪种方式或技巧，都是学习和积累的结果，都必须安全第一。记住安全原则，注重经验积累，就一定会减少家务活动中的事故。

家务活动中常见的问题主要有以下几类。

1. 东西放置无序型。例如，洗漱液被当成饮料，酒精被当成了料酒，洗厕剂被当成了洗发液等，由于东西放置无序，结果导致事故频发。

2. 器具使用不当型。此类问题也较为多见。例如，操刀技术不熟，切

菜时割破了手指；开酒瓶不慎，打破了瓶口；螺丝刀使用不当，拧断了螺丝，等等。

3. 做事忙乱不稳型。由于做事缺乏经验，又喜欢图快，于是忙乱中总是问题多多。例如，厨房清洗餐具打破了碟碗；做清洁打碎了花瓶；擦窗户碰破了玻璃。

4. 缺乏因地制宜型。家务活动目的是为了给家人提供舒适、方便、适宜的环境条件。这就要求家务活动要考虑家人的特点和活动规律及需要。而家有老人，地砖却行走时打滑；家有儿童，锥、剪、刀、叉等金属利器乱放；家庭人口偏多，而东西放置零乱等等。这样的家庭习惯，其活动安全就不能不出问题。

那么，广大的中小学生应该怎样确保家务活动安全呢？

1. 增强安全意识，养成注重安全的好习惯。事情不论大小，做事时首先要想到安全。

2. 做好物品分类，摆放位置做到分区有序。例如，漂白剂、洗涤剂、去污粉等是有毒物品，摆放时要与食品、调味品分开，并做到位置固定，家人皆知。

3. 家有儿童时，物品摆放要为儿童安全着想。例如，危险品不能放在儿童易拿取的地方；需要儿童帮忙时，应有大人指导：不能将爆竹等危险品混入糖盒或玩具盒中。

4. 从事家务活动，要按程序化进行操作。例如，用湿拖把拖完地板后，要用干拖把拖干；清洗餐具时，大的、重的要放在最下面，小的、轻的要放在上面；替换灯泡或移动电器时要先关掉电源，等等。

5. 日常用具齐全，以备不时之需。例如，为了应付电表跳闸、停电，家中需要准备手电筒、蜡烛，以免摸黑行走。

小学高年级以上的学生，多数在家中都要或多或少地帮助家长干点家务，如烧水煮饭、洗衣服、打扫卫生等等。学生做一些力所能及的家务，既可以减轻家长的体力负担，又可以从小培养自己的生活自理能力，增强劳动观念，应该说这是好事，值得提倡。与此同时，我们要提醒青少年同学，在做家务劳动时必须增强安全意识，预防烫伤、烧伤、跌伤、刀伤、等事故的发生。使用家用电器、灶具等的安全问题我们已经在前文中有所阐述，这里只说家务劳动中的一般安全防范事项。

第一，广大的中小学生应在家务劳动中防止被烫伤。学生在家接触到沸水、高温水（如提水壶往热水瓶内灌水、拿热水瓶倒开水等）时，必须防止因摔跤或者因盛水器具损坏而烫伤。防摔跤，主要应防止地面滑、高低不平或有障碍物绊脚。防盛水的器具损坏，则应注意 2 点：

1. 有铆钉的盛水器具（如钢精器皿），要防用久了铆钉不牢固。

2. 热水瓶要防底部损坏，瓶胆会掉下来。新买的热水瓶要检查底部螺丝，防止松动脱落。向器皿中灌沸水或高温水时，要把器皿放在地上或家具上。向热水瓶中灌水，因沸水溢出或瓶塞脱落而烫伤手的事情，在大人中也是常见的，所以灌满水后，瓶塞要塞紧。

此外，装有沸水、高温水的导热器皿，不能直接用手去接触。

第二，广大的中小学生还应在家务劳动中防止被烧伤。学生在家使用明火烧水煮饭时，稍不留心，便有被火烧伤的危险。农村使用麦草稻秆烧饭，若盘绕的草把太结实，或者草秆不太干燥，往往在灶膛里只冒烟不起火。这时如将头凑近灶膛口用嘴吹风引火，一旦草秆突然燃烧，就容易燃及眉毛、头发，甚至灼伤面部。

正确的处置方法是，用火钳拨弄灶膛里未燃的草秆，增加膛间空气的流通，或者用扇子对准灶膛口扇风，促使膛内草秆起火燃烧。在城镇，使用火柴点燃煤气、液化石油气时，应先划着火柴，靠近灶具燃烧器侧面，然后打开灶具开关点火。若先开灶具后划火柴，则可能由于气体泄漏，碰到明火而引起爆炸；若将拿火柴的手放在灶具燃烧器上面，则很可能被燃着的气体烧伤。

第三，广大的中小学生在家务劳动中还应防止跌伤。学生在家务劳动中跌伤的情况，极少数是走路不慎造成的，大多数是攀高取物或者攀高打扫卫生时造成的。既有因脚下的凳子、桌子、梯子不稳固而跌伤的，也有跌下来又碰在其他器物上而导致伤上加伤的。后一种情况更加危险。

第四，广大的中小学生在家务劳动中应该防止被刀具伤害到。切菜、削水果都需要用刀具，而用刀具最容易造成自伤。

要防止用刀时造成自伤，首先是思想要集中，眼睛要看清，手离刀刃尽量远一点；其次，用刀姿势要正确，刀下的被切物须稳定位置。切忌毛

毛草草、心不在焉。第一次用刀，千万要在家长指导监督下进行，先看家长示范，明白应该注意的事项，绝不能逞强，自作聪明。须知刀不留情，稍不注意，就会付出血的代价。

♥ 在家玩耍时注意安全

爱玩是中小学生的天性。然而，玩耍中假如不注意自我保护，就可能发生伤害自己或他人的事件。特别是玩耍枪弹玩具、橡皮筋弹弓和其他用铁皮、铜皮制成的玩具时，尤其要注意安全。

1995年10月15日下午，响水县响南乡12岁的少年孙某，买了几张"电光子"，装在用自行车链条拼串起来的自制玩具枪上打着玩。傍晚时分，他怕因玩具枪被家长发现而挨打，便把装上5颗"电光子"的玩具枪插进裤袋里，把剩下来的"电光子"也叠起来塞进裤袋。谁知一不小心，裤袋里小枪扳机被碰而击发，随即"呼"的一声，裤袋里的所有"电光子"同时炸响，无情的火药不仅把他的裤袋炸得粉碎，而且还炸伤了他的大腿。

1995年10月，江苏省某县人民法院作出判决：被告王某（8岁）因玩气枪误伤他人，致使原告赵某（8岁）左眼失明；另一被告主某某因无证持枪而且保管不善，闲置时子弹上膛，而双双受到惩处。两被告应共同赔偿原告赵某医疗费、继续医疗费、伤残补助费等24882.85元。

这是一起什么案件呢？原来，一年前的10月15日，赵某、王某在王某家玩耍时，发现屋内有一支气枪，王某便把枪拿过来玩弄，不料触动扳机，子弹射出，不偏不倚击中赵某左眼。经深圳、南京等地医院治疗，先后花去医药费、交通费7962.85元。赵的左眼因穿透伤而永远失明，右眼视力也有所下降。法医鉴定赵某为七级伤残，继续治疗费用至少需要1.2万元。由于王某父亲拒不继续承担赵某的医疗费，赵某父亲被迫代表年幼的儿子向法院提起诉讼。

青少年学生用玩具枪射击目标（如树上的鸟儿）而误伤他人的事例曾多次发生。这些案件告诉我们，不仅真枪玩不得，凡能射出子弹或含火药的玩具枪也玩不得，否则是要付出血的代价。北京市玩具检测中心就警告过：有些能发射假弹的玩具枪的弹射力过大，儿童在玩耍中发生过击伤

视网膜，造成终生残废的恶果。

还有一些孩子，捡到军用的废弹之类当玩具摆弄，这就更加危险了。

小曲是初三学生，人很聪明，玩起来很会"别出心裁"。他不知从哪里捡到一颗斑驳锈蚀的步枪子弹，心想，子弹里的炸药可以弄出来玩玩。于是，他找来一根铁钉，对准子弹屁股中央，用砖头敲击。这一敲引起子弹内的火药燃爆，炸得小曲皮开肉绽，血淋淋的惨不忍睹。

不少低年级学生很喜爱儿童玩具。最近上海市玩具研究所对玩具市场进行过调查，结论是："目前市场上不少玩具还存在不安全因素，令人担忧。"这些"不安全因素"的表现之一是：薄铁皮制作的玩具中，有的没有卷边，毛边也没有锉钝，不少小孩玩耍时割破了手指和面部。

橡皮筋弹弓在农村深得青少年学生的喜爱，城镇里的中、小学生也有玩的。不少人用它弹射石子、瓦片、竹片、泥块等物，射击树上的鸟儿或者其他目标，以此取乐；还有的相互对射，闹着玩，看谁眼力好、打得准。这些玩法都是十分危险的，弄不好就会伤人毁物。倘若用橡皮筋弹弓朝着毫无防备的人射击，后果更加难以设想。

好动也是青少年学生的一个特点，几个同学在家一起玩的时候，喜欢打打闹闹、你追我赶，或者玩捉迷藏，钻东躲西，翻箱倒柜。游戏是正常的活动，但也要注意自我保护，否则也会造成事故——轻则鼻青脸肿，重则伤筋断骨。

敏敏与冬冬两家门对门，中间隔着一条2米多宽的弄堂。由于他俩同在一个学校念书，又是邻居，所以放学后常在一起玩，说说笑笑，打打闹闹，好不开心。

那天，敏敏的爸爸出差回来，给他买回一架玩具飞机，敏敏迫不及待地装上电池，在客厅地板上转着玩。这时，冬冬来了。敏敏得意洋洋地左玩右玩爱不释手，惹得站在一旁的冬冬心里痒痒的。突然，小飞机转到了冬冬的脚边。机不可失，冬冬伸手抓起小飞机回身就往门外跑，打算拿到自己家去玩玩。他做梦也没有想到，脚刚迈出大门两步，就被一辆自行车撞了个"嘴啃泥"，手中的小飞机甩出好远……

这个例子说明，孩子们互相追逐时，要特别注意环境。交通地段和人多的地方，决不能玩追逐性的游戏。玩捉迷藏或在家爬高攀低，也要注意安全。

运动过程应注重安全

体育运动和游戏活动都具有程序性、技巧性、科学性。虽然运动的目的是培养健康的体魄，但是如果不注意这些特性反而会伤害身体。有的同学做运动，只讲痛快、好玩，既不注意事先的身体适应性活动，运动中也不讲究动作要领。

总之，不熟悉规则、不遵守规则，是导致运动过程不安全的重要原因。要做到运动安全，首先要了解运动前需要做好哪些准备活动，然后还要知道如何进行运动安全防护以及运动受伤后的处理，此外还要了解一些特殊运动项目的注意事项。做到这几条，你的运动安全就有了较大的保障。

第一，做好运动前的准备活动。运动前，人体的各部机能尚未适应，突然进行剧烈运动，就容易造成损伤。而运动前做好准备：一方面可以使血液循环加快，使肌肉进入工作状态；另一方面可以调动全身器官与其他运动器官相协调。

此外，休息时，人的大脑对运动技能的条件反射缺乏应有的敏感度，准备活动则可以帮助其恢复。活动内容通常包括以下方面：

1. 舒展身体各处关节的走、跳、踏步、伸展等活动。

2. 使身体达到发热程度的摆臂、压腿、踢腿、腰部活动、高抬腿等活动。

3. 除了一般性准备活动外，一些专门项目还需要进行 20 分钟左右的专门性准备，使身体感觉发热、四肢关节灵活。

4. 有些特殊体育项目，除了做好上述准备外，着装也应该到位，例如游泳、足球、登山等。

第二，学会如何进行运动安全防护。除了上述身体机能的运动准备外，还要做好以下安全防护措施准备：

1. 定期检查身体，若自己或家族有过不宜从事某种运动的先天性疾病，要加以防范。如患有心脏、心血管和哮喘等疾病的，都属于运动中的高危人群，需要特别注意。

2. 了解运动的类型是否适合自己参加。

3. 选择安全的运动环境，例如场地状况、活动组织者的能力，注意场地四周的异常变化。

4. 注意寻求专业教师或教练有关具体运动项目的安全建议和防护措施。

第三，广大的中小学生还应学会自己处理运动受伤。运动中常见的伤情及处理办法如下：

1. 关节扭伤。一般性扭伤，要即刻停止剧烈运动，用药水或止痛膏敷在受伤部位；严重扭伤时，有出血的先行清理伤口、止血，使受伤肢体抬高，禁止用手揉伤口处，同时用冷毛巾冷敷降温，包扎伤口。2 天后适当热敷。

2. 皮肤擦伤。一般性的，先用清水或酒精将伤口清洗干净，再涂上红药水或者紫药水即可。严重时，或用绷带加压包扎，或用手指直接点压伤口止血，伴有软组织损伤的，还应同时进行局部降温。

3. 鼻子出血时，坐好，抬头，用手捏住或用纱布塞住鼻孔，以冷毛巾敷在前额及鼻梁处即可，若血流不止，应立即送往医院救治。

4. 脑震荡。轻度者，要安静卧床休息 1~2 天再下床走动；中度和重度者，要保持绝对安静，仰卧平躺，头部以毛巾冷敷，身体注意保暖，并及时送医院治疗了。

5. 脱臼时，扎好绷带，保持关节固定不动，然后送医院治疗。

6. 骨折时，要仰卧，对伤员不可乱搬乱动，要止血止痛，有经验者可对其骨折部位进行简易包扎固定，然后速送医院救治；不能实施简易包扎时，要保护好受伤部位，立即送医院救治。

第四，广大的中小学生在运动过程中还应注意具体运动项目的安全事项。下面我们就把常见的运动应该注意哪些事项向大家介绍一下。

1. 登山安全。要计划好线路，衣着穿戴要舒适，随身装备要轻便；攀登时不要着急，要记住要领，掌握技巧；中途注意休息，危险的地方不要去；夜间不要爬山。

2. 游泳安全。不要到血吸虫疫区、水域污染区、杂草漩涡区、船只来往频繁区和凶猛鱼类出没的海域水域游泳。体质差或过饱过饥时不要游泳。抽筋时不要慌，搬住抽筋那条腿的前脚板向后用力，即可拉直腿筋，然后

以手掌搓揉一会儿即可。发现有人溺水，要视自己的体力和技能积极组织施救。

3. 滑冰安全。冰鞋大小要合脚，衣着保暖合体，禁止莽撞滑行，注意冰场区域的安全性，如果不慎掉进冰窟，不要慌张，更不要乱扑打，要仔细观察冰裂情况，选择好出水处，张开双臂，减轻重力，以手肘的力量向前移动。离开冰窟口后，不要站立，要继续爬行，直到安全地带为止。

4. 放风筝时的安全。有高压线的地方、农家场院、公路两旁、楼顶或桥上、水塘及河湖附近以及天气不好时，都不要放风筝。

回家时警惕坏人跟踪

中小学生在家时是否安全，关系到身心健康和财产保护两大方面，无论是中小学生本人还是家长，都必须引起高度重视。

怎样才能保障中小学生在家时的安全呢？一方面，家长们应该对此负起责任，言传身教，对子女进行必要的安全知识教育，增强他们的防范意识；同时，要为子女提供最基本的居住安全条件，避免和减少不安全的隐患。另一方面，青少年学生本人在家的时候，更应处处注意，不忘安全第一。首先，让我们来谈谈青少年学生在家时的人身财产安全问题。

12岁的小琴是农民的女儿。她身材苗条，肤色红润，瓜子脸上有着一双水灵灵的大眼睛，人见人爱。而且，她的学习成绩优异，在年级中一直冒尖，老师和同学们一提起她就感到骄傲。不幸的是，盛夏的一天中午，小琴在家中遭到了流氓的强暴。

当公安人员向她了解受害经过时，她痛苦地说："12点钟不到，我放学回家，刚打开门，突然背后有个人抱住我的腰，一只手捂住我的嘴，使劲把我推进房间里……"侦察员问："回家的路上你看见过这个男人吗？""出校门的时候，我好像看见过他。后来不见了。半路上，后面有个同学喊我，我回头时好像也看到他。不过，他离我很远……那个同学奔上来跟我讲完话，大家就分手回家了，我再也没有注意……"

"小琴，这家伙肯定是跟在你后面溜进你家里的。今后，你回家时要注意，防止路上坏人盯梢。特别是快到家的时候，要看一看，有没有陌生人在你的身后。如果有，你可以先到屋里有人的邻居家去，告诉他们可疑的情况，跟邻居一起出来抓住他，送到村里或者我们派出所来。如果邻居家没有人，你也可以把他引到人多的地方去，想办法抓住他。如果他跑了，你就记住他的面貌特征，向我们报告……"

没过几天，这个胆大妄为的流氓就被公安机关抓获归案了。他交代的作案手法，与侦察员们分析的一模一样。

犯罪分子是诡计多端、狡猾奸诈的。听了这个案例之后，千万不要以为，这种坏人盯的只是女学生。要知道，那些为了钱财而作案的罪犯，也有用盯梢法跟进男生家里行凶抢劫财物的，有时后果更加严重，大家千万不要麻痹大意！

还有一种情形：有的歹徒对于学生家中的情况不清楚，当他跟踪到家里，一旦发现有家长在，往往以问路或者找人走错了门为借口，脱身逃走。假如发生这种情形，一定不要让他溜掉，要报告公安机关，对这种人进行审查。若是让歹徒跑掉了，他还会在外继续寻找机会作案，也可能下一次再跟到你家来为非作歹。

青少年学生单独在家时，一定要关好锁好大门。木门外边装有防盗安全门的，木门可以不关，但防盗安全门一定要关紧锁好。否则，无孔不入的犯罪分子便会乘虚而入，偷窃财物，甚至行凶伤人。

青少年学生独自在家不关门的原因很多，或者是夏天怕热，或者是为了通风透气；也有怕麻烦，图省事的，譬如到隔壁邻居家去玩一会儿，或者到旁边小店里去买点东西，马上就要回家，觉得刚锁好大门马上又要开，怪不方便的。

从思想上分析，这些都是缺乏安全意识、麻痹大意的表现。你认为大白天，左右都有邻居，门关不关无所谓；或者认为坏人胆子没有这样大。可是事实往往不像你所想象的那样简单，光天化日之下、大庭广众之中，有些歹徒都敢抢劫作案，何况顺顺利利地进入无人之家呢？你不关门，自己进出固然方便，但是歹徒进出岂不也同样方便了？

有人敲门也需要警惕

只身在家的青少年学生，假如碰到有人来敲门怎么办？千万不能马上去开门。应该首先问清楚、看明白对方是谁，来干什么的，然后决定开门不开门。

《文汇报》上有篇文章，写的是一个十几岁的女孩子竟然冒充记者到学校和学生家里骗吃偷钱的事，好多人都被她迷惑了。现将这篇文章的主要内容摘录在下面，请大家看一看、想一想。

一天上午10时许，虹口区海南中学科技"小状元"、初二学生小徐家来了个不速之客。她短头发，瘦长个子，十六七岁模样，上身穿学生服，下着牛仔裤，声称自己是"青少年科技报记者"，从学校老师那里了解到小徐是市水仙花雕刻状元，特来府上采访，写一篇"人物专访"，拟在市科技节期间发稿见报。……假记者要小徐取出科技作品和获奖证书，煞有介事地拿出照相机，拍了几张照片……

接着，又要小徐打电话约几个同班同学下午接受"采访"。趁小徐打电话之隙，她迅速地把小徐的哥哥放在写字桌上的皮夹子偷走了，内有500多元钱和身份证、学生证、通讯录等物。假记者走后……小徐发现皮夹被窃，便按她留下的电话、地址寻找，结果发觉全是假的，便向派出所报了案。

由于这个女骗子当时没有落网，报纸上未能揭露她的真实面目，这就使她有可能故伎重演。即使她被捉拿归案，也不等于就不会再发生这类案件，因为在当今社会上，这一类不法之徒大有人在。

这些坏人往往利用学生对无冕之王——新闻记者的尊敬，以及希望借助舆论工具宣传自己的心理，为非作歹，以售其奸。所以，当自称记者的人上门采访你的时候，一定要防假冒，切不可忘乎所以。

怎样识别真假记者呢？真正的记者进行采访活动都遵行这样一条规矩：在没有被采访人的熟人介绍的情况下，记者前去采访自己不认识的对象，必须主动出示自己的记者证，以表明身份。

退一步讲，即使不出示记者证，至少也要随身携带记者证，以备查看。

所以，当陌生记者找你采访而不主动出示记者证时，可以请他出示证件，也可以通过侧面了解的方法，查询他的身份。

当对方离去时，应以礼貌相送为掩护，悄悄地看清对方使用的车辆的牌照号码，以便报请公安机关查明该人的真实情况。若是骗子，即可捉拿归案。如果对方给你留下了单位电话、地址，也可自行核实，辨明真伪。

不管采用哪种识别方法，都必须神态自然、文明礼貌，切不可口气生硬、出言不逊。不然的话，对方如是骗子，可能被激怒而胡作非为；如是真记者，便会受到心理伤害。

现在社会上有些犯罪分子就像狼一样狡猾，他们或者假装上门收购旧货、推销商品、乞食讨饭、募捐化缘、抄电表水表，或者声称来收电话费、煤气费、有线电视费、广播费等等，骗开你的门后，便凶相毕露，胡作非为。

所以，我们切不可上当受骗！当然，门不可开，但讲话必须文明礼貌，不要口出污言秽语，也不要流露出怀疑对方是坏人的意思，以免伤害好人。如果陌生人是打听某件事、某个人的，也要注意辨别对方意图，如果对方确实有事，自己又确实能给予帮助，可以隔着门回答人家。如果来人一再表明自己是上门例行公务（如抄电表、收水费等等），你可告诉对方，什么时间父母在家，请他到时候上门来办。总之，单身在家时，对于陌生的敲门人不要开门。

假如父母的熟人有事来访，只有在一种情况下可以开门：你对他十分了解，而且你父母马上就要回来。否则，也不宜让对方进门，因为来人的底细你不清楚；他与你父母之间到底是什么关系？有没有经济纠纷或者个人恩怨？在不晓得这一切的情况下，倘若随便开门，就可能发生不测事件。

当然，你在拒绝自己觉得不完全可靠的父母的熟人进门时，更要礼貌客气，要多用"很抱歉"、"对不起"等文明语言，并且可以说："等爸爸妈妈回来，我一定叫他们去看你。"这样，对方就不至于因为感到被冷淡而生气。

如果来人是你自己的朋友、同学，确实找你有事或玩耍，而且平常相互之间没有矛盾，处得较好，那当然应该开门请进。

倘若不是这样的情况，譬如过去从不往来，上门又说不出有什么事情，甚至对方的思想品德不大好，或者你们以前有过纠纷，那么也以不开门为好。但也要讲究方式方法和态度，免伤和气。

你可以借口"父母马上要回来，见了外人要生气的"，或者"我正准备到亲戚家去，恕不接待"，或者"我正在做作业，没空玩"等等理由，委婉"送客"。青少年学生单独在家时受到自己的同学或者朋友伤害的案件屡见不鲜，我们必须从中吸取教训。特别是女学生和家境富裕的学生，更要警惕。

♥ 千万别引"狼"入室

青少年学生带人进入自己的家中，一般总是自觉自愿地叫熟人到家里去玩耍或者做什么事情。这种情况，弄得不好也会出事，而且是有现实教训的。

小陈和小马是同班同学，彼此比较投机。这天是星期三，下午只有一节课，放学较早，小陈便带小马到自己家玩。当天晚上，小陈母亲发觉五斗橱上的一只进口手表不翼而飞，便问儿子谁来过家里。小陈如实相告，他母亲心中便有了数，连夜找到小马，追回了手表。

不久，派出所获悉此事，引起了注意。民警针对小马另几个同学家中过去失窃的案件进行补充调查，发现案发前小马都曾经到过他们家中，于是，小马被找到派出所去谈话。结果查明，小马利用同学叫他去家中玩的机会，顺手牵羊行窃 5 次，偷得现金、手表、游戏机、收音机等财物价值1509 多元。

青少年学生带人回家的另一种情况是：同学或者校外朋友主动提出到你家去，这比你自己主动带人回家更要谨慎对待，因为对方要到你家去的真实动机和目的，不一定跟他嘴上讲的一样，也就是说，要提防有的人可能"口是心非"。

我们介绍上述情况，绝不是提倡同学之间无端猜疑，而是提醒大家在"带人回家"这件事上要有安全观念，对自己周围染有恶习的人，要有所

警惕。

学生带人进入家中的第三种情况，是陌生人以某种"理由"让你带他到家里去。在家里无人的时候，这样做是非常危险的，陌生人可能就是别有用心的歹徒，他那种"理由"完全是为了进入你家作案而编造的借口。青少年学生碰到这种陌生人，必须明辨是非，防止上当受害。报纸上登载过这样一个案例：

张某家住上海近郊的一个城镇，那里治安秩序良好。然而，青天白日之下，张某的独生子却在家里遇害，财物也被抢劫一空。这一案件，就像重磅炸弹的爆炸，在群众中引起极大震动。

原来这天下午4时左右，张某的儿子身背书包，一蹦一跳地放学回家。当他登上4楼的时候，看到一个陌生的年轻人。

"小朋友，帮帮忙，讨口水喝喝。"年轻人和颜悦色地说。曾经看过雷锋叔叔的故事，经常受到助人为乐教育的孩子不假思索，满口应允。他利索地打开门锁，让这个陌生人进了家。就在他转身准备去拿热水瓶时，灾难降临了……

警方全力以赴，很快就破了案。凶犯是这样交代的："那天下午，我在4楼正准备撬门偷东西，忽听楼下有脚步声，我立刻把螺丝刀藏在衣服里。一会儿，上来一个背书包的小孩，我灵机一动，就假装讨开水喝……"

助人为乐是中华民族的美德，青少年学生应该继承发扬；但是，对于向你求助的人要认真识别，防止被坏人利用。

张某的儿子假如能想一想："怎么一个陌生人会跑到4层楼上来讨水喝？"那么，就会产生疑问。然后，他可以假装找不到钥匙，乘机下楼向附近的邻居求助或向公安机关报警；如果这家伙逃跑，就大声呼喊"抓坏人"；这样，不但自己能够免遭杀身之祸，而且还有可能协助公安部门抓获罪犯，为民除害。

如果遇到坏人潜入家中作案，不可惊慌，应该迅速呼救，或逃到外面去拨打"110"电话报警。报警之后可以回到自己家的附近，观察盗贼形貌特征和逃逸去向，协助破案。

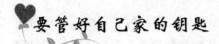

要管好自己家的钥匙

当今青少年学生的父母，无论城市的、集镇的还是农村的，都有自己的一份工作，他们白天多数时间都在外边忙碌，在家的时间很少；加上现代家庭越来越趋向小型化，三口之家比较多，所以"带钥匙"的青少年学生有增无减。让学生身带钥匙，本是为了他们回家方便、自由，可是倘若钥匙保管不好，被那些心术不正的人利用，家中的安全便难以保障了，轻者财物被盗，重者可能发生人身侵害等恶性案件。

中学生曹某，家住某市一处深宅大院，这里聚集着"七十二家房客"；她的父亲在上海工作，是一位高级知识分子。母亲因留恋这座"天堂城市"而没有随夫迁居那个国际大都市。母女两人生活安逸，家中从未出过什么乱子。

不料有一年初春，厄运却落到了他家。这天早晨，小曹由于早读耽误了时间，狼吞虎咽地吃了半碗稀饭就匆匆地出门向学校赶去，幸好没有迟到。但是，中午放学回家时，她搜遍了书包和全身，始终找不到大门钥匙。好在母亲的单位离家不远，小曹骑车10分钟就要到了妈妈的钥匙。对于丢了钥匙会产生什么后果，母女俩从来没有考虑过。

下午无课，小曹独自在房间里做作业，收音机里传出阵阵婉转悠扬的歌声。正当她在专心致志地思考作业题时，猛然间一条毛巾由前往后紧紧地包住了她的面部，勒得她气都透不过来。尽管女孩拼命反抗，但是力不从心，渐渐地失去了知觉……

等到小曹苏醒过来时，已经失身遭暴。她怎么也没有想到，住在同一大院内的一条色狼，正是捡了她掉在家门口不远处的钥匙，悄悄地开门潜入她家的。

这一教训是多么深刻呀！所以，公安机关一再告诫广大公民：发觉家门钥匙遗失后，必须尽快地换掉门锁，或者采取相应的其他防范措施，不给拾到钥匙的歹徒以可乘之机。若是小章下午在家做作业时，先采取临时保安对策，将大门锁扣好保险，或用重物抵住大门，等母亲回家后再换装门锁，那么，色狼再狡猾，也不能得逞。

　　青少年学生如何预防身上的钥匙失落呢？最安全的方法是用一根牢固的带子，一端扎死在裤带上，另一端扎死在钥匙上。小学生如果不用裤带的，可用一根带子穿过钥匙孔，两端扎死，套在脖子上。

　　倘若在外，脱衣服后不要忘记随手把钥匙套回脖子上。如把钥匙栓在书包上，则要防止在外玩耍时，随意将书包乱丢乱放，以致钥匙让坏人偷走。万一孩子的钥匙失落或者被盗，家长必须赶紧把门锁换掉，麻痹、侥幸、省钱的思想都会遗患无穷。如果仅仅是大门钥匙不见了，而又想省钱，可以把大门锁与房门锁对换一下。

　　值得一提的是，时至今日，在某些农村地区，还存在着全家人合用一把大门钥匙的现象。家人外出后，钥匙就放在一个全家都知道的固定地方，谁先回家，谁就到这个地方伸手取钥匙开门入室。这样做的结果是：天长日久，存放钥匙的处所难免不落入他人眼中。在社会风气还没有纯净到"夜不闭户，路不拾遗"的情况下，这当然是隐含着不安全因素的。

交通安全是重要课题之一

闹市走失应确保安全

对于中小学生，当父母带你去一个不熟悉的公园、当你与同学们一起郊游时，不慎走失是挺常见的。这时，你千万不可焦急不安、不知所措，这样就容易被混杂在人群中的不法分子注意到。

一些不法分子会利用你急于找到父母、老师、同学的心理，假意说要帮助你，然后把你骗到僻静处抢夺财物，甚至会侮辱、拐骗你。因此，在面对这种情况时，要冷静，观察自己所处的地点的特征，就近寻找可依赖的人，获得帮助。

以下是在闹市走失时的几种情况，该采取哪些有效的办法急救呢？

在碰到丢失的情况下，自己要知道找工作人员、管理人员、警察等比较可靠的人寻求帮助，不要随便听信别人"跟他走"的引导。

如果和父母一起出去走失了，找不着家长时，应大声叫唤家长的名字。如果没有回应，立即向公共场所工作人员求助。在工作人员帮助下，到管理部门发布寻人广播。

如果知道父母的电话、手机等，可以请求周围可靠的人打电话和父母联系，可以约定走散后的见面地点。

如果走失在大街上，找不到回家的路，就应去问交警、找警察。如果天黑了，最好找到派出所说明情况，寻求帮助。

如果在附近找不到警察，还可以打110，寻求帮助。要记得自己的家庭

地址和父母姓名，以及父母的电话、手机等。

为防止上当受骗，最好的办法是：到公园管理处、派出所，让他们通过广播将你所处的位置告诉父母、同学或老师。

在求助过往的游客前应先判断一下，最好选择一家三口、老人或军人、公园服务人员帮助。

在郊外开放性的景区走散并迷失方向时，如果天色已晚，要站到高处看哪儿人多，就往哪儿去，跟随游人向出口处去。

寻找同学、老师、父母时，要在宽敞的路口等待，切不可独自或跟随陌生人到密林深处、危险地带、人烟稀少的地方去寻找。

对于中小学生来说，锻炼自己的生存能力也是人生最基本的一课，平时要多锻炼，遇到这种日常生活问题，要能很快想出办法，安全回家。

应怎样避免交通伤害

我们每天上学和放学时，正是一天中道路交通最拥挤的时刻。马路上车多人多，如果同学们不注意交通安全，随意在道路上穿行、猛跑，就非常容易导致交通伤害事故发生。

交通部门为行人横穿马路设置了专门的穿越道如斑马线、人行过街天桥和地下通道。从这些通道横过马路十分安全。此外还须注意：

1. 低年级同学横过马路时，要有老师或家长带领。

2. 有些地方和郊区农村，道路上没有设置人行横道，同学们横过马路时，一定要注意避让车辆。

避让的方法：过马路时先看左边有没有车辆，如果无车辆驶来，可迅速走过马路中间；再看看右边有没有车辆，没有车辆就可以迅速通过。不要在车辆临近时突然猛跑。

3. 在车辆多和易发生交通事故的路段，交通部门在马路中间设置了交通护栏。有许多同学图省事，怕绕路，上下学经常跨越栏杆横过马路。这样做，实在太危险。因为，驾驶员反应再快。猛然发生的事情也会使他措手不及。

4. 通过有交通信号控制的人行横道，要遵守信号灯的规定：绿灯亮时，

可以通过；绿灯闪烁时，不要进入人行横道，但已进入人行横道的，可以继续通过；红灯亮时，不准行人通过。

5. 从路口经人行横道横过马路时，要养成看指挥信号的习惯。红灯亮，禁止车辆通过时，可以横过马路但仍需注意往来车辆，千万不要以为是红灯，交叉路上没有车辆驶过，就可以抢行穿越马路。

此外，广大的中小学生在道路上行走也应该注意交通安全。

1. 在道路上行走，要走人行道。没有人行道的地方要靠路边行走。

2. 低年级学生外出时，要由家长或老师带领。家长或教师最好靠车道一侧行走。

3. 集体外出活动时，必须在老师的带领下有秩序地排队前进。不要三五成群、打闹、嬉戏或做其它活动。

4. 实行小黄帽路队制的，要戴好小黄帽，持"让"字牌列队行走，每横列不要超过两人。注意：戴小黄帽同样要遵守交通规则，切不可有了"小黄帽"就在道路上横冲直撞。

5. 在道路上行走时，如有人从马路对面招呼你，不要贸然横穿马路，可以路旁等候或经人行通道横过马路。

另外，广大的中小学生在日常生活中还应该注意以下几点。

1. 不在马路上踢球、溜旱冰、跳皮筋和做其他游戏。

2. 不在马路上追逐、嬉戏、猛跑。

3. 走路要专心，不可以东张西望或看书看报。

4. 不强行拦车或扒车。

5. 不跨坐人行道、车道和铁路道口上的护栏。

骑自行车的注意事项

现在，从城市到农村，青少年学生骑自行车的越来越普遍。但是，因为骑自行车而导致的交通事故也时有发生。那么，广大的中小学生在骑自行车的时候应该注意哪些事项，才能确保自己的安全，实现自我保护呢？

城镇的大街一般比较繁华，车水马龙，人流如潮。在大街上骑自行车应当遵守交通规则，小心骑行，防止撞伤他人或被其他车辆撞着。

　　然而，有些同学在大街上骑车并不注意安全。有的同学为了图个好玩、刺激，动不动就在骑车时用手抓住前面机动车的护栏，让它带着自己往前走。这样虽然省了一把力，但如果机动车突然刹车，很容易发生严重事故。

　　有的同学喜欢骑着车在街上打打闹闹、说说笑笑，甚至还手拉手并肩骑车。有的同学自恃车技高超，在大街上玩撒把和赛车的游戏，这样往往容易出事，而且在紧急事故发生时惊慌失措，反应不及。这些做法都要绝对禁止。

　　骑车带人也非常危险，因为前面骑车的人不知道后面的人会做什么，后面坐车的人也看不见前方的情况。在骑车的人急刹车时，后面的人容易猛地摔下来，有可能被一旁驶过的车撞着；要是后面的人突然跳下车，前面的人会在惯性带动下左扭右拐，撞上其他车辆。

　　此外，还要注意的是，不要在大街上急拐弯，也不要在骑车时回头张望，更不要在马路中突然下车，这些都是事故发生的常因。

　　在寒冷的冬季，广大的中小学生在骑自行车上学的时候更应该注意保护自己。由于天寒地冻，自行车的部件会变得较为脆弱，容易因过度使用而发生断裂。所以，在雪地里骑车，不要负载太重的东西，不要过度地颠簸，也不要骑得太急，以免在刹车时发生危险。

　　出发前，要检查一下车胎的气，不要让它太“饱”，也不要让它太“饿”，保持8分气最好，因为太“饱”容易打滑，太“饿”骑起来太吃力，留8分气可以增加车轮与地面的摩擦，防止打滑。

　　其次，不要骑没闸没铃的车出门，不然，出现险情时很难躲闪。看见前方有人时，最好早早打铃，不然等走到近前时，会因前面的人忽然拐弯、停步而弄个措手不及。捏闸时，应该先捏后闸（左手闸），并以后闸为主。如果只捏前闸，或两闸同时捏，会使自行车失去平衡，一下子摔倒。另外，骑车外出时最好能和前面的自行车保持一定距离，若间距太近，易发生危险。

　　再次，应该注意不要猛拐弯，不然不但自己会因惯性失控猝然摔倒，还会猝不及防地与过往车辆相撞。拐弯时应该先放慢速度，然后伸手示意自己拐弯的方向，使后面的车辆先行避让，然后在附近没车时再拐弯。

　　最后，不要在大清早或晚上骑车。因为太早或太晚，雪地上虽然有片片亮光，但大雪也覆盖了一些坎坷不平的地方，如果光线太暗，使人难以分辨，容易出事、也不要在地形不熟的地方骑车。由于大雪会把路面上的沟坎坑洞填平，如果对地形不熟悉，就难以知道雪下哪里有沟坎，哪里有坑洼，在这种情况下盲目骑车前进，难免发生摔车伤人的意外。

科学统计表明，大雪之后交通事故发生率非常高，所以，我们在雪地上骑车要十分小心，能不骑车就不骑。

在骑自行车上学的时候，广大的中小学生还应注意防盗。自行车失窃现象常常困扰着学生们。根据公安机关掌握的情况来分析，学生回家后自行车遭窃的原因大致有4种类型：

1. 因自行车没有上锁而被偷走。有的学生思想麻痹，认为普普通通的旧车，锁不锁无所谓，小偷不感兴趣；有的学生疏忽大意，忘记把车子上锁；还有的学生回家后马上又要出去，怕麻烦不愿上锁。

2. 自行车的锁失灵。有的学生或家长为了省钱，车锁坏了既不修理，也不更换。

3. 车子停放的位置欠妥当。有的学生家里能放自行车，却停在外边；有的学生住地有停车库，却把车子放在屋外空地上；也有的学生住在楼上，虽把车子搬上了楼，却放在走道上。

4. 新车、高档车失窃多。成色新的自行车，特别是价格高的山地车、变速车、捷特之类名牌车，是盗贼垂涎的主要目标。从犯罪心理分析，旧车新车、好车孬车都可偷，但偷了新车、好车卖钱多、合算。尤其是刚买回来尚未去交通管理部门办理领证、打钢印手续的新车，偷了便于销赃，公安机关破案也难。

我们知道自行车失窃的主要原因后，防止自行车被盗就可以采取相应的措施了。家住城里闹市区的学生，如感到不方便，白天需要将自行车停在室外时，须注意3点：

1. 上好车锁，而且车锁必须牢固。

2. 尽量不要放在墙角落等隐蔽处，来来往往的过路人看得见的地方相对比较安全些。

3. 新车、高档车最好不要放在户外。这里特别强调一下：车锁是自行车安全的一个重要保障，买车锁一定要买坚固型的，最好多花点钱买那种

"防撬车锁"或者钢筋锁、链条锁。车锁坚固，撬窃难度就大一些。

现在，有些犯罪分子骑了三轮车，甚至开了卡车去偷自行车。他们把停在外边锁好的自行车搬上卡车、三轮车，拉到犯罪窝点或者隐蔽处，再设法撬锁、锯锁。所以，切不可因为车锁坚固而随地停放自行车。对于家庭条件不是很好的学生来说，购买普通型、中低档的自行车比较合适，这些自行车对于盗窃犯诱惑力不太大，相对安全一些；万一失窃，损失也小一些。

❤ 乘坐汽车的安全常识

1990 年夏，某市一所中学下午放学时，正赶上下班高峰，车辆川流不息，喇叭声、自行车铃声此起彼伏。源源和其他同学一起等候在汽车站，准备乘车回家。

这时，一辆公共汽车从远处驶来，减速进入车站。没等汽车停稳，几名同学就拥向车门。源源站在最前一排，来不及躲闪，就被拥挤到汽车前轮下。一场灾难就这样酿成了：源源的左脚轧成粉碎性骨折，住进了医院。其实这类事情本可以避免，家长和老师不止一次地提醒同学们，一定要有秩序地上下汽车，可仍然有少数同学认为这是小题大做。"不怕一万，就怕万一"，我们应该从源源这次事故中吸取教训。

对居住在城镇的同学来说，乘公共汽车上学、外出购物或游玩已成为日常生活的一个组成部分，许多同学每天将公共汽车作为代步工具。那么，乘坐公共汽车应注意些什么呢？

等车时，要站在车站里，耐心排队，不要急不可耐地站到马路上，以免被经过的车辆所伤。要等车停稳了再上车，并注意先下后上，文明乘车，别一个劲儿地往上冲，以免被挤倒或掉下车去。

到了车上，如果没有座位，要抓紧汽车的栏杆。因为在都市的大街上，动不动就得刹车，不抓紧栏杆，刹车时就站立不稳，容易摔倒。如果身上带了钱或其他贵重物品，要留心别让小偷扒去。在车上，不要把手、头伸出车窗外。要站在离车门远一点的地方，防止车门突然打开时掉下去。假如车子太挤必须站在车门旁，也应抓紧两边的扶手，不要扶着车门，不然车门打开时，你可能站立不稳，一下子扑出车外。

到站下车前，应该提前做好准备，以免坐过了站。要等车停稳了再下车，下车时要注意过往的车辆，别愣头愣脑地往外冲，以免被撞。

汽车在高速行驶中，如遇非常情况，司机要采取紧急刹车措施。乘客如没有准备，就会出现磕伤、摔伤等情况。为避免发生此类伤害事故，同学们需要了解一些乘车时的自我保护常识。

除此之外，广大的中小学生还应遵守以下几点：

1. 乘坐公共汽车时，如没有坐位，可双手握紧扶手，侧向站立，双脚自然分开。

2. 坐在座位上，也要精神集中，双手扶住前排座位上的椅背。通常车子猛烈冲击时，人体会向前倒，这样头和脸就有撞到前排座椅靠背的危险。如双手扶住前排座位的椅背，则可以大大减缓身体向前的冲击力，同时对头和脸部也可起到保护作用。

3. 如果汽车不幸翻倒或翻滚，不要死抓住汽车的某个部位。这时只有抱头缩身才是上策。

4. 卧车、微型客车前排座位都备有安全保险带，如在这类位置乘车，不要怕麻烦，要自觉系上安全带。

安全带是人的"保命符"。国外许多汽车厂商曾做过"刹车实验"和"碰撞试验"。一部快速行驶的汽车，突然急刹车或对撞迎面来车，坐在前座没有系安全带的假人立刻冲离座位，不是胸部猛撞汽车前台，就是头部冲撞车前玻璃或车顶而破裂。但系安全带的假人却安然无恙或只受轻伤。所以，为了自己的生命安全，只要汽车座位下备有安全带，就一定要系好。

另外，广大的中小学生在乘坐公共汽车时，要谨记一条，不可吃东西。我们经常看到有些少年朋友在颠簸拥挤的公共汽车上津津有味地吃东西。其实，乘车吃东西是一种既不卫生也不文明的行为，还不利于食物的消化吸收，久而久之会影响身体健康。

一般来说，公交车上、街道上是人群密集场所，空气中分布着较多的病菌和其他对人有害的物质颗粒，容易污染食物。乘车时难免与他人接触，并碰摸车座、扶手等，如果用手拿食物吃，这很容易把手上粘来的细菌、病毒弄到食物上，吃进肚里。

病从口入，人吃了被细菌、病毒污染的食物会引起疾病。特别是在传染性疾病（如流行性感冒）发作的地方，外出乘车吃东西，很容易因食物被传染性病毒污染而被传染上疾病。因此，少年朋友一定要克服乘车吃东西的不卫生习惯，以减少疾病的发生。

"一心不可二用"。乘车时吃东西，迫使大脑神经系统既要指挥吃东西，又要乘车，两种活动互相影响，往往使得食物咀嚼不细，囫囵吞枣地下肚。同时也使唾液、胃液等消化液的分泌减少，并影响胃肠蠕动，不利于食物的消化吸收，营养难以被人体吸收利用。可见，为了身体健康，少年朋友不要在车上吃东西。

乘车吃东西，稍有不慎还可能会发生意外。由于乘车、走路吃东西时，注意力不集中，加之身体随车辆晃动而摇晃不稳，或者被行人碰撞，容易发生呛食、咬舌或者食物误入气管，发生危险。

此外，乘车时吃东西，往往会影响到周围的人。要么食物气味使别人难受，要么食物会蹭到别人身上。这显然很不礼貌，是不文明的行为。

乘飞机怎样注意安全

飞机是现代化的交通工具，一般飞行高度在万米上下，飞行时速可达500多千米，具有速度快、效率高、节约时间的优点，因此，飞机越来越成为人们青睐的交通工具。乘飞机时必须掌握和了解一些安全常识，以免因不慎发生意外。

登机前，旅客及随身携带的一切行李物品，必须接受机场安全部门的安全检查。枪支、弹药、凶器、易燃、易爆、腐蚀、放射性物品及其他危害民航安全的危险物品均严禁携带上机。

登上飞机后应对号入座，除上厕所等某些必要的活动外，一般不要随意走动，不要串舱，更不要接近驾驶舱。国内班机，机舱内一律不允许吸烟。国际班机，要在指定地点吸烟。吸过的烟头必须掐灭后放在烟灰盒内。厕所内禁止吸烟。

飞机在起飞、降落和飞行颠簸时，应系好安全带。飞机上配有灭火器、氧气、紧急出口及救生衣、救生船等安全设施。但这些设施只能在发生紧急情况时由机组人员组织旅客使用。未经允许，乘客不可随意动用。

有些人乘飞机时会晕机。为防止发生晕机，在上飞机前30分钟服用0.3～0.6毫克东莨菪碱，可保持5～6小时内不呕吐。同时，容易晕机的乘客在飞机上尽量少活动，头部可紧靠在座椅上，最好采取斜靠位，必要时可闭目仰卧。另外，不要吃得过饱或过于饥饿。飞机起飞前1～1.5小时吃些面包、糕点、饼干、面条、酸奶、苹果、梨等。不要吃多纤维及容易产气的食物，也不要多吃过于油腻和含大量动物的蛋白食物。

飞机在起飞及降落时，由于气压的急剧变化，人的中耳耳鼓室内的压力不能很快地随之变化，会引起耳内胀满不适甚至疼痛难忍，这时应吃点糖果。口腔张合、咀嚼吞咽，可促使咽鼓管的开口开放，让空气自由进出鼓室，使其内部压力与气压平衡，消除不适感及疼痛。

乘飞机一旦发生紧急情况，旅客要保持镇静，听从机组人员指挥，努力按照操作规程和处置措施行事，战胜险情。否则，惊慌失措、盲目乱动是无济于事的。

乘火车怎样注意安全

1. 火车站是个鱼龙混杂的地方，因此在候车室候车时一定要看管好自己的行李物品，不要跟生人随意搭话，以防被偷被骗。上车时应通过地道或天桥到指定的站台，不要私自跨越铁道，更不要去攀登正在移动的列车，因为列车的快速移动能在它周围形成低气压带，人如果距火车太近，就有可能被风力卷入车轮之下。所以，当有火车进入站台时，应退到白色安全线以外，保持与列车的正常距离。

一天，河北省某县的4名十五六岁的孩子沿铁路线拣废铁和瓶子。他们只顾低头寻找，却忘记了铁路上还会有火车通过。临近黄昏时，一列由北京开往南京的特快客车疾速驶来，还是列车司机首先发现了铁路上的孩子，当即采取紧急措施，并鸣笛警告。4名孩子这才如梦方醒，急忙离开铁轨，可已经太迟了。列车呼啸而过，只有2名孩子脱险，而另2名孩子却被列车行驶中的强大气流卷到了车轮下，再也回不了家了。

2. 在火车上安放行李时要注意放稳放牢，防止掉落伤人。千万不要将

易燃易爆的物品带上车，如果已经带上车，应主动与列车员联系，把这些危险物品交给他们妥善保管。在列车行进过程中，不要把手、头等身体任何部位伸出窗外。如果乘坐的是卧铺，睡在中、上铺的在睡觉时要将床外侧的安全皮带系牢，避免因颠簸和翻身而坠地，造成意外伤害。钱和贵重物品应贴身携带，以防小偷趁人熟睡时下手。在火车上还要注意个人卫生，不要买小商小贩的东西吃。在火车上不要移动、变换位置，也不要老是从行李包、旅行袋中取出东西，防止扒手发现包、袋的主人而被盗。行李包、旅行袋要放在自己座位前方视力所及的行李架上，两个以上的包、袋最好用链式锁锁在一起。下车前清理齐全自己的物品，防止遗落在车上。

3. 火车到站后，下车、出站不要拥挤，把车票保管好，以供出站时管理人员查验。出站后应选择安全的交通路线去目的地，不要轻信那些来拉客的个体业主，以防被骗。更不要随便进入私人小旅馆，许多不法分子都是采用这种方式进行拐骗、抢劫活动的。

安全通过铁路道口也是广大中小学生应该注意的。2005 年 4 月 9 日，湖北省武汉市某小学三年级学生陈某放学后一个人到铁路边玩耍，正在兴头上时，一辆火车迎面飞驶过来，他立时倒在了血泊中。更令人痛心的是，2 个小时后，武汉市机械公司的一名女青年又在相同的铁道口与火车抢道，被撞成重伤，不治而亡。血的教训告诉我们，在穿过铁道口时，一定要注意安全。

千万不要在铁路上玩耍、逗留、打闹或坐卧。必须遵守交通规则，在铁道口安全管理人员的指挥下通行。如果在铁路上听到或看见有火车开来时，应该马上躲避到铁轨的 2 米开外处，绝对不能抢行越过铁路。

在道口栏杆关闭、音响器发出警报、红灯闪烁的时候，一定不要抢行，而应该依次在停止线以外静静等候，或站在离铁轨四五米开外的地方。在通过既没信号机又没有人看守的道口时，应该停下脚步，向两边张望，如果两边都没火车开来，再迅速地越过铁道。在没有信号机但是有信号灯的铁道口，两个红灯交替闪烁或红灯持续闪亮时，表示火车已接近道口，此时严禁通行；当红灯熄灭，白灯闪亮时，表示行人可以通行；如果红灯和白灯同时熄灭，需要停下来观察确认没有火车后才可通过。

交叉路口是交通事故的多发地段。在车流如织的路口行走穿越，如不遵守交通规则，不格外注意交通安全，是非常危险的，而且出了交通事故，还要负法律责任。行人横穿街道时必须走人行横道线；没有人行横道线时，一定要走直线，不要斜线穿越。同时，必须先看左侧，行到道路中心线时再看右侧，主动避让来往机动车辆，严禁低头猛跑；人行横道有信号灯时，要遵守信号灯的规定，绿灯亮时才可以通过。通过无信号灯的路口时要加倍小心，最好慢行，注意避让两边的机动车辆。

看似平静的铁道口和交叉路口，事实上潜藏着巨大的危险，同学们在穿过路口时一定要注意安全。

水上交通的安全常识

在河道纵横、水域辽阔的地区，同学们上学、放学和外出参加活动，都免不了乘坐船只。俗话说"水火无情"，船行水中，本身就具有一定的危险性，所以国家制定了水上交通安全法规，以保障乘船旅客的生命安全。虽然学校也经常提醒大家注意遵守执行，但在少年朋友中却屡有违反安全法规的现象发生。

有一年的一个夏天，安徽省某县的 10 名四年级学生在老师带领下来到渡口，准备搭船到乡里参加数学竞赛。当渡船来到时，早已等候在那里的 30 名中学生先上了船。

由于人多、逆风，船工撑行了几次都退了回来。这时，小学师生因怕参赛迟到，也上了船。按规定这条船最多只能乘 10 人，现在小船却载了 40 多人，船头、船尾都站满了人。

小船摇摇摆摆离开渡口，天忽然又下起了大雨，由于人多拥挤，一名同学从船头滑下，并带 2 人落水，于是船失去平衡，船上师生全部落入水中。虽然经多方奋力营救，大部分师生被救上岸，但仍有 7 名中学生和 2 名小学生溺水身亡。为了赶时间，忘记安全大事，造成船翻人亡事故，这教训真是太深刻了。

那么，乘船怎样注意安全呢？

1. 不要乘坐无证船舶。

2. 不乘坐超载船。因为船舶靠水的浮力浮于水面，受载有一定的限度。如果超过了限度，船行时就会有沉没的危险。

3. 遇到大风大雨、洪水泛滥及浓雾等恶劣天气，最好不要冒险乘坐渡船和其他小型船只。

4. 不带易燃、易爆等危险品上船。

5. 集体乘船，要有老师带队。上下船时，要排队有秩序地进行。不要你推我挤，或一窝蜂地上下，那样容易造成人员落水、挤伤、压伤或船舶倾斜。在船上要坐稳，不要随意走动。

6. 船上的许多设备，直接影响船舶的安全行驶，物品是一些救生消防设施，它们存放的位置有一定的规范，不能任意挪动，这样才能保证万一发生事故，能尽快发挥其作用，减少损失。

7. 船舶夜间航行时，不要用手电筒向水面、岸边乱照，以免引起来船误会或造成加强人员的错觉而发生危险。

如果有些同学不慎落水，应该怎样求生呢？大家一定不要慌乱，记住以下几点，就可以得救。

1. 当船舶遇到紧急情况时，要保持镇静和清醒，要坚定获救的信心。

2. 落水后，为了减轻负担而把衣服脱掉的做法是愚蠢的，尤其是在寒冷的冬季或在海洋里。因为时间一长，很可能导致冻伤或冻死。要知道，落水者身上的湿衣裳不会造成拖累。

相反，因湿衣裳的纤维中有一些极细小的空气泡，反倒会产生一定的浮力。即使过一段时间气泡消失，湿衣裳也没有多少重量。

3. 如果穿救生衣或持有救生圈在水中，应采取团身屈腿的姿势以减少热量散失。除非离岸较近，或是为了靠近船舶，其他落水者以及躲避漂浮物、漩涡，一般不要无目的地游动，以保存体力。

4. 设法发出声响（例如吹救生衣上配备的哨笛）和摇动色彩鲜艳的衣服，以便岸上人员或其他船只发现。

学会用饮食习惯保护自己

健康饮食从三餐做起

疾病是潜伏在广大中小学生身边的危害。要提高自我保护能力，广大中小学生就应该学会一些预防疾病的方法。那么，疾病从何而来呢？俗话说"病从口入"，这句话一点也没有错。广大中小学生应合理安排膳食，杜绝疾病。

一天要吃 3 餐饭。人吃饭不只是为了填饱肚子或是解馋，主要是为了保证身体的正常发育和健康。实验证明：每日 3 餐，食物中的蛋白质消化吸收率为 85%；如改为每日 2 餐，每餐各吃全天食物量的 1/2，则蛋白质消化吸收率仅为 75%。

因此，按照我国人民的生活习惯，一般来说，每日 3 餐还是比较合理的。同时还要注意，两餐间隔的时间要适宜，间隔太长会引起高度饥饿感，影响人的劳动和工作效率；间隔时间如果太短，上顿食物在胃里还没有排空，就接着吃下顿食物，会使消化器官得不到适当的休息，消化功能就会逐步降低，影响食欲和消化。一般混合食物在胃里停留的时间大约是 4～5 小时，两餐的间隔以 4～5 小时比较合适，如果是 5～6 小时基本上也合乎要求。

营养专家认为，早餐是一天中最重要的一顿饭，每天吃一顿好的早餐，可使人长寿。早餐要吃好，是指早餐应吃一些营养价值高、少而精的食物。因为人经过一夜的睡眠，头一天晚上进食的营养已基本耗完，早上只有及时地补充营养，才能满足上午工作、劳动和学习的需要。早餐在设计上选择易消化、吸收，纤维质高的食物为主，最好能在生食的比例上占最高，如此将成为一天精力的主要来源。

专家经过长期观察发现，一个人早晨起床后不吃早餐，血液黏度就会增高，且流动缓慢，天长日久，会导致心脏病的发作。因此，早餐丰盛不但使人在一天的工作中都精力充沛，而且有益于心脏的健康。坚持吃早餐的青少年要比不吃早餐的青少年长得壮实，抗病能力强，在学校课堂上表现得更加突出，听课时精力集中，理解能力强，学习成绩大都更加优秀。

一般情况下，理想的早餐要掌握 3 个要素：就餐时间、营养量和主副食平衡搭配。一般来说，起床后活动 30 分钟再吃早餐最为适宜，因为这时人的食欲最旺盛。早餐不但要注意数量，而且还要讲究质量。按成人计算，早餐的主食量应在 150～200 克之间，热量应为 700 千卡左右。当然从事不同劳动强度及年龄不同的人所需的热量也不尽相同。如小学生需 500 千卡左右的热量，中学生则需 600 千卡左右的热量。就食量和热量而言，应占不同年龄段的人一日总食量和总热量的 30% 为宜。主食一般应吃含淀粉的食物，如馒头、豆包、面包等，还要适当增加些含蛋白质丰富的食物，如牛奶、豆浆、鸡蛋等，再配以一些小菜。

俗话说"中午饱，一天饱"。说明午餐是一日中主要的一餐。由于上午体内热能消耗较大，午后还要继续工作和学习，因此，不同年龄、不同体力的人午餐热量应占他们每天所需总热量的 40%。主食根据 3 餐食量配比，应在 150～200 克，可在米饭、面制品（馒头、面条、大饼、玉米面发糕等）中间任意选择。副食在 240～360 克，以满足人体对无机盐和维生素的需要。

副食种类的选择很广泛，如：肉、蛋、奶、禽类、豆制品类、海产品、蔬菜类等，按照科学配餐的原则挑选几种，相互搭配食用。一般宜选择 50～100 克的肉禽蛋类，50 克豆制品，再配上 200～250 克蔬菜，也就是要吃些耐饥饿又能产生高热量的炒菜，使体内血糖继续维持在高水平，从而保证下午的工作和学习。但是，中午要吃饱，不等于要暴食，一般吃到八九分饱就可以。

晚餐比较接近睡眠时间，不宜吃得太饱，尤其不可吃夜宵。晚餐应选择含纤维和碳水化合物多的食物。但是一般家庭，晚餐是全家3餐中唯一的大家相聚共享天伦的一餐，所以对多数家庭来说，这一餐大家都煮得非常丰富，这种做法和健康理念有些违背，因此在调整上仍与午餐相同的是餐前半小时应有蔬菜汁或是水果的供应。晚餐时仍应有一道以上的生菜沙拉，内有各式芽菜。芽菜在吃食时可用海苔卷包起，做些变化。主食与副食的量都可适量减少，以便到睡觉时正好是空腹状态。

一般而言，晚上多数人血液循环较差，所以可以选些天然的热性食物来补足此现象，例如辣椒、咖喱、肉桂等皆可。寒性蔬菜如小黄瓜、菜瓜、冬瓜等晚上用量少些。晚餐尽量在晚上8点以前完成，若是8点以后任何食物对我们都是不良的食物。若是重食的家庭，晚餐肉类最好只有一种，不可多种肉类，增加体内太多负担。晚餐后请勿再吃任何甜食，这是很容易伤肝的。

根据季节来安排饮食

随着季节的变化，人体内各器官的状态也有所变化。故要根据季节的不同，选择美味健身的食物，进行饮食的科学安排。

春季，气温变化大，所以春季的营养构成应以高热量为主，由于冷热刺激可使体内的蛋白质分解加速，导致机体抵抗力降低而致病，这时需要补充优质蛋白质食品，如鸡蛋、鱼类、鸡肉和豆制品等。

春天，细菌、病毒等微生物开始繁殖，活力增强，容易侵犯人体而致病，所以，在饮食上应摄取足够的维生素和无机盐。小白菜、油菜、柿子椒、西红柿等新鲜蔬菜和柑橘、柠檬等水果，富含维生素C，具有抗病毒作用；胡萝卜、苋菜等黄绿色蔬菜，富含维生素A，具有保护和增强上呼吸道黏膜和呼吸器官上皮细胞的功能，从而可抵抗各种致病因素侵袭；富含维生素E的食物也应食用，以提高人体免疫功能，增强机体的抗病能力，这类食物有芝麻、青色卷心菜、菜花等。

我国医学还认为，"春日宜省酸增甘，以养脾气"。这是因为春季肝气最旺，肝气旺会影响脾，所以春季容易出现脾胃虚弱病症。多吃酸味食物会使肝功能偏亢，故春季饮食调养，宜选辛、甘温之品，忌酸涩。饮食宜清淡可口，忌油腻、生冷及刺激性食物。

夏暑逼人，天气炎热。人们食欲降低，肠胃功能也减弱，许多人这时不想吃肥肉和油腻食物，在饮食安排上应以清淡为主，注意食物的色、香、味，尽量引起食欲，使身体能得到全面足够的营养。一般来说，可以多吃一些凉拌菜、咸蛋、豆制品、芝麻酱、绿豆以及黄瓜、丝瓜、冬瓜、青菜、西红柿、花菜之类的蔬菜。瓜类尤其是消暑解渴的上品。

夏天气温高，出汗多，饮水多，胃酸容易被冲淡，消化液分泌相对减少，消化功能减弱致使食欲不振，再加上天热人们贪吃生冷食物造成胃肠功能紊乱或因食物不清洁易引致胃肠不适，甚至食物中毒，所以，夏季饮食应清淡而又能促进食欲，这样就可以达到养生保健的目的。

夏季不能暴饮暴食，就是不能过饱，尤其晚餐更不应饱食。谚语说："少吃一口，活到九十九。"老人、小孩消化力本来不强，夏季就更差，吃得过饱，消化不了，容易使脾胃受损，导致胃病。如果吃七成饱，食欲就会继续增强。

要适当多吃一些水果和苦味的食物，如梨、西瓜、苦瓜等。夏季酷暑炎热、高温湿重，吃西瓜、苦味食物，就能清泄暑热，以燥其湿，便可以健脾，增进食欲。味酸的食物能使身体收缩，夏季汗多易伤阴，食酸能敛汗，能止泄泻。如番茄具有生津止渴、健胃消食、凉血平肝、清热解毒、降低血压之功。

秋高气爽，天气宜人。人们从酷暑中解脱出来，食欲逐渐增强，同时，这个季节的食品种类也最丰富，蔬菜、水果齐全，豆类、肉类、蛋类货源充足。因此在秋季饮食安排上，只要注意营养平衡搭配就可以了。但要注意，秋季空气干燥，人极需要水分，要多食含水分多的食物，少用胡椒、葱、姜等辛辣之品。如有条件，可多食一些糯米、芝麻、蜂蜜、枇杷、菠萝、乳品类食物。

秋季，人体的生理也随着季节的转换而发生变化，因此，秋季的饮食要随时而变化，以适应秋季养生之需。秋季饮食的原则是以"甘平为主"，即多吃有清肝作用的食物，少食酸性食物。祖国的传统医学认为，秋季多吃酸，则克脾，引起五脏不调，而多食甘平类的食物，则可以增强脾的活动，使肝脾活动协调。

　　大雪纷飞，朔风凛冽。严寒的天气会使人体的代谢加强，为了防御风寒，在饮食上可以多增加产热量高的食品，如炖肉、烧鱼、火锅等。冬季缺少黄绿色蔬菜，容易发生维生素缺乏症，降低机体的抵抗力。因此，在冬季要注意选择那些富含维生素的蔬菜食用，如胡萝卜、青菜、菠菜、蘑菇、青椒、青蒜以及水果之类。调味品可多用些辛辣食物，如胡椒、葱、姜、蒜等，以驱除人体中的寒气。在烹调方法上，多采用烧、焖、炖、煨、煮等方法。冬季饭菜以色味浓厚为好，既有营养，又可增强食欲。

　　另外，在严寒的冬天人们喜欢喝上热腾腾的饮料暖胃又暖身，但是，专家指出，冬天喝过热的饮料其实也是误区。因为饮用温度过高的饮料，会造成广泛的皮肤黏膜损伤。蛋白质在43℃开始变性，胃肠道黏液在达60℃时会产生不可逆的降解，在47℃以上时，血细胞、培养细胞和移植器官会全部死亡。所以，不要在冬季经常饮用过热的饮料。

应在青春期加强营养

　　青春期是人体各器官逐渐发育成熟的阶段，这一阶段，思想活跃、记忆力强，是人的一生中长身体、长知识的重要时期。因此，处于青春期的学生对营养的要求应高于成人。

　　青春期需要比童年更多的热量，如果热量供应不足，就会使人出现疲劳、消瘦和抵抗力降低的现象，这样会直接影响人的体力和学习。因此，这一时期要多吃一些含热量高的食物。热量的主要来源是碳水化合物，常用的食品有谷类、淀粉类、豆类、根茎类、糖果和甜食；平时可多吃一些脂肪和糖含量高的食物；秋冬季节可多吃些肉类食物。

　　青春期正处在身体的发育阶段，因此蛋白质在青春期营养中至关重要。一旦体内缺乏蛋白质，就会导致身体发育迟缓、消瘦，甚至出现智力障碍、注意力不集中等症状。因此青春期的蛋白质供应量应高于其他时期，不仅要有足够的数量，还要有较高的质量。饮食中应有 1/2～1/3 的蛋白质来自动物性食品。

　　无机盐，也叫矿物质，它对于青春期的学生比对成年人更重要。钙和磷是构成人体骨骼和牙齿的重要材料。

青春期要有健壮的骨骼和整洁的牙齿，就必须多吃钙、磷含量高的食品，如虾米、黄豆、豆制品、蛋黄、西瓜子、乳制品、鱼、肉、海带、粗粮等。如果人体内铁供应不足，则可能发生贫血。如果缺乏碘就会影响人体甲状腺的分泌，而人体的新陈代谢需要有足够的甲状腺素。因此青春期的日常食品中应包括含碘多的食物，如海带、紫菜、蛤、海蜇、龙虾、带鱼等。

如果缺乏锌，青少年的生长和性发育就会停滞，出现食欲不振，味觉、嗅觉异常等现象。锌主要含于肉、鱼和海产品中，因此，青春期的营养食谱里应适当增加这类食物。

青春期对维生素的需要显得尤为重要，特别是维生素 B_1、B_2、A、C 等，更是肌体不可缺少的。缺乏维生素 A 会影响视力；缺乏维生素 B_1 会使食欲减退，思想不集中；缺乏维生素 B_2，会使肌体代谢失调；而维生素 C 具有抗毒作用，能增强人体抵抗力。而这些维生素广泛存在于日常的主、副食品及各类蔬菜之中。

因此，为了增加身体的健康，增加抵抗疾病的力量，在饮食中应注意有计划地加以调配，尽量使饭菜多样化，平时要注意不要偏食，并多选择新鲜的绿叶蔬菜食用，以满足身体对各种维生素的需要。

养成健康的喝水习惯

大家对饮食的重视还是远远高于饮水的，但是科学的饮水对我们来说也很重要。水是人类每天必不可少的营养物质。有试验证明，一个人只喝水不吃饭仍能存活几十天，但如果几天不喝水人就无法生存，可见水对人体健康十分重要。健康成年人每天约需 2500 毫升水，因此要保持健康就必须注意每天摄入充足的水分。

科学研究表明，白开水是对身体最有益的饮料。白开水不含卡路里，不用消化就能为人体直接吸收利用，它进入人体后可以立即发挥新陈代谢功能，调节体温、输送养分。所以习惯喝白开水的人，体内脱氧酶活性高，肌肉内乳酸堆积少，不容易产生疲劳。

平常饮水也应尽量做到科学，首先是饮水的时间。一般饮水的 4 个最佳时间是：

第一次：早晨刚起床，此时正是血液缺水状态。

第二次：上午 8~10 时，可补充工作时间流汗失去的水分。

第三次：下午 3 时左右，正是喝茶的时刻。

第四次：睡前，睡觉时血液的浓度会增高，睡前适量饮水会冲淡积压液，扩张血管，对身体有好处。

饮水除了要注意时间外，饮水还要注意以下几点：

1. 不喝污染的生水。人类 80% 的传染病与水或水源污染有关。伤寒、霍乱、痢疾、传染性肝炎等疾病都可由饮用污染的水引起。污染的水还可以引起寄生虫病的传播和地方性疾病等。因此，饮水要符合卫生要求，不要喝生水，要喝煮沸的开水。

2. 喝水要掌握适宜的硬度。水的硬度是指溶解在水中盐类含量，水中钙盐、镁盐含量多，则水的硬度大，反之则硬度小。水质过硬影响胃肠道消化吸收功能，发生胃肠功能紊乱，引起消化不良和腹泻。我国规定水总硬度不超过 25 度。建议一般饮用水的适宜硬度为 10~20 度。处理硬水最好的办法是煮沸，经煮沸后均能达到适宜的硬度。

3. 喝水要有节制。夏季气温高，人们多汗易渴。但一次喝水要适量，不要喝大量的水。即便是口渴的厉害，一次也不能喝太多水。这是因为喝进的水被吸收进入血液后，血容量会增加，大量的水进入血液循环就会加重心脏负担。要注意适当地分几次喝。

4. 喝水要适时适量。清晨起床后喝一杯水有疏通肠胃之功效，并能降低血液浓度，起到预防血栓形成的作用。爱运动的青少年一定要注意，剧烈运动后一定不要暴饮凉开水或其他饮料，这会加重胃肠负担，使胃液稀释。这样既妨碍对食物的消化，又降低胃液的杀菌作用。喝水速度也一定要注意，太快会使血容量增加过快，因此加重心脏的负担，引起体内钾、钠等电解质发生一时性紊乱，甚至造成更严重的后果。

所以运动后科学的饮水方法是，慢慢地喝温开水。另外，进餐后消化液正在消化食物，此时如喝进大量水就会冲淡胃液、胃酸而影响消化功能。

吃水果也应讲究健康

水果对人体健康非常有益，尤其是秋季气候干燥，人们容易皮肤干燥、咽喉肿痛，人体需要水分较多，而营养丰富的水果正好可以改善这些症状。此外，水果富含各种维生素、矿物质，多吃水果不仅能增进健康，更有助于美容。现在知道水果至少有以下作用：

1. 水果含有的果胶、纤维素、半纤维素、木质素等膳食纤维能促进肠道蠕动和排便，对于防止和治疗便秘有良好的作用；由于减少了大便在肠道中的停留时间，对于预防结肠癌等有一定的效果；有利于人体中的铅与其他重金属从体内排出；减少胆固醇的吸收；为肠道中的正常菌群的繁殖提供场所和营养，有利于保持肠道中的菌群平衡。

2. 水果富含钾、钙、镁等矿物质，经代谢后的产物呈碱性，所以被称为成碱性食物。而肉、鱼、蛋、水产品、豆制品等食物的代谢最终产物呈酸性，属于成酸性食品。而人体的新陈代谢只有在弱碱性的条件下才能正常进行。现在很多人吃较多的高蛋白、高脂肪和高热能食品，使血液呈酸性，所以水果对于纠正偏酸性环境，维持体内正常的酸碱度有重要意义。

3. 人类需要的维生素 C 的来源除了蔬菜外就是水果，水果对维生素 C 还有增效作用。

此外，水果中存在的蛋白酶可促进蛋白质的消化；柑橘、樱桃、柠檬、沙棘等水果中的类黄酮化合物有清除自由基的作用。

要发挥水果的良好作用，正确的吃法很重要。怎样吃水果才是健康的呢？吃水果又有什么讲究？下面我们就来谈一谈。

吃水果前先了解水果的属性，根据自己的体质来选择水果的品种。一般而言水果可分为寒凉、温热、甘平3类。寒凉类水果有柑橘、香蕉、梨、柿子、西瓜等。温热类水果有枣、桃、杏、龙眼、荔枝、葡萄、樱桃、石榴、菠萝等。甘平类水果有梅、李、山楂、苹果等。体质虚弱、面色苍白、体寒的人，应该选择温热性的水果；容易上火的人，应选择一些寒凉性水果。

水果含有许多人体需要的营养和保健成分，它对人体的有利作用已被

越来越多的人所认识，所以水果已成为许多人每天必吃的食品之一。但是怎么样吃水果才能既保证吸收了她的营养成分，又不会对身体造成不好的影响呢？

在外国有这么一种说法，即"上午的水果是金，中午到下午3点是银，下午3~6点是铜，下午6点之后的则是铅"。意思就是说上午是吃水果的黄金时期，选择上午吃水果，对人体最具功效，更能发挥营养价值，产生有利人体健康的物质。这样的说法也是有一定道理的，但并不是这么绝对。

一般而言，早餐前吃水果既开胃又可促进维生素吸收，人的胃肠经过一夜的休息之后，功能尚在激活中，消化功能不强，但身体又需要补充足够的营养素，此时吃易于消化吸收的水果，可以为上午的工作或学习活动提供营养所需。但适合餐前吃的水果最好选择酸性不太强、涩味不太浓的，如苹果、梨、香蕉、葡萄等。另外，胃肠功能不好的人，不宜在这个时段吃水果。

上午10点左右，由于经过一段紧张的工作和学习，碳水化合物基本上已消耗殆尽，此时吃个水果，其果糖和葡萄糖可快速被机体吸收，以补充大脑和身体所需的能量，而这一时段也恰好是身体吸收的活跃阶段，水果中大量的维生素和矿物质，对体内的新陈代谢起到非常好的促进作用。

中医认为：上午10点左右，阳气上升，是脾胃一天当中最旺盛的时候，脾胃虚弱者选择在此时吃水果，更有利于身体吸收。餐后1小时吃水果有助于消食，可选择菠萝、猕猴桃、橘子、山楂等有机酸含量多的水果。晚餐后吃水果既不利于消化，又很容易因吃得过多，使其中的糖转化为脂肪在体内堆积。

其实，不论餐前餐后吃水果都要牢记4点：

1. 不要空腹吃酸涩味太浓的水果，避免对胃部产生刺激，还可能与胃中的蛋白质形成不易溶解的物质。

2. 不要吃饱后立即吃水果。这样会被先期到达的食物阻滞在胃内，致使水果不能正常地在胃内消化，而是在胃内发酵，从而引起腹胀、腹泻或便秘等症状。如果长此以往，还会导致消化功能紊乱。

3. 特别需要注意的是水果的温度。如果吃了大量的油腻食物，再吃大量冷凉的水果，胃里血管受冷收缩，对肠胃虚弱、对冷凉比较敏感的人来

说，可能会影响消化吸收，甚至造成胃部不适。因此，吃水果应以常温为宜，不要贪吃刚从冰箱里拿出来的水果。

4. 选择水果品种应当考虑体质。糖尿病人应当选择糖分低、果胶高的水果，如草莓、桃等；贫血病人则应选择维生素C含量较高的桂圆、枣、草莓等；腹部容易冷痛、腹泻者应当避免香蕉和梨，等等。

应学会科学地吃蔬菜

蔬菜，我们的生活饮食重不可缺的部分，我们平时吃蔬菜时可能并不注意究竟怎样吃才算科学健康的吃法，其实也是有讲究的，那么，怎样吃蔬菜最健康呢？

1. 要吃新鲜蔬菜。新鲜的青菜，买来存放家里不吃，便会慢慢损失一些维生素。如菠菜在20℃时放置一天，维生素C损失达84%。若要保存蔬菜，应在避光、通风、干燥的地方贮存。

2. 注意含维生素最丰富的部分。例如豆芽，有人在吃时只吃上面的芽而将豆瓣丢掉。事实上，豆瓣中含维生素C比芽的部分多2～3倍。再就是做蔬菜饺子馅时把菜汁挤掉，维生素会损失70%以上。正确的方法是，切好菜后用油拌好，再加盐和调料，这样油包菜，馅就不会出汤。

3. 要用小火炒菜。维生素C、B₁都怕热、怕煮。据测定，大火快炒的菜，维生素C损失仅17%，若炒后再焖，菜里的维生素C将损失59%。所以炒菜要用旺火，这样炒出来的菜，不仅色美味好，而且菜里的营养损失也少。烧菜时加少许醋，也有利于维生素的保存。还有些蔬菜如黄瓜、西红柿等，最好凉拌吃。

4. 烧好的菜要尽快吃。有人为节省时间，喜欢提前把菜烧好，然后在锅里温着等人来齐再吃或下顿热着吃。其实蔬菜中的维生素B1，在烧好后温热的过程中，可损失25%。烧好的白菜若温热15分钟可损失维生素C20%，保温30分钟会再损失10%，若长到1小时，就会再损失20%，假若青菜中的维生素C在烹调过程中损失20%，溶解在菜汤中损失25%，如果再在火上温热15分钟会再损失20%，共计65%。那么我们从青菜中得到的维生素C就所剩不多了。

5. 吃菜要喝汤。许多人爱吃青菜却不爱喝菜汤，事实上，烧菜时，大部分维生素溶解在菜汤里。以维生素 C 为例，小白菜炒好后，维生素 C 会有 70% 溶解在菜汤里，新鲜豌豆放在水里煮沸 3 分钟，维生素 C 有 50% 溶在汤里。

6. 先切菜再冲洗。在洗切青菜时，若将菜切了再冲洗，大量维生素就会流失到水中。

7. 蔬菜最好单独炒。有些人为了减肥不食脂肪而偏爱和肉一起炒的蔬菜。最近据研究人员发现，凡是含水分丰富的蔬菜，其细胞之间充满空气，而肉类的细胞之间却充满了水，所以蔬菜更容易吸收油脂，一碟炒菜所含的油脂往往比一碟炸鱼或炸排骨所含的油脂还多。

8. 吃素也要吃荤。时下素食的人越来越多，这对防止动脉硬化无疑是有益的。但是不注意搭配、一味吃素也并非是福。现代科学发现吃素至少有 4 大害处：（1）是缺少必要的胆固醇，而适量的胆固醇具有抗癌作用；（2）是蛋白质摄入不足，这是引起消化道肿瘤的危险因素；（3）是核黄素摄入量不足，会导致维生素缺乏；（4）是严重缺锌，而锌是保证机体免疫功能健全的一种十分重要的微量元素，一般蔬菜中都缺乏锌。

9. 吃生菜而要洗净。蔬菜的污染多为农药或霉菌。进食蔬菜发生农药中毒的事时有发生。蔬菜也是霉菌的寄生体，霉菌大都不溶于水，甚至有的在沸水中安然无恙。它能进入蔬菜的表面几毫米深。因此食蔬菜必须用清水多洗多泡，去皮，多丢掉一些老黄腐叶，切勿吝惜，特别是生吃更应该如此，不然，会给你的身体健康带来危害。

10. 不要把蔬菜榨成汁饮。蔬菜榨汁饮用，会影响唾液中的消化酶分泌。因为咀嚼作用不是单纯地嚼烂蔬菜，更重要的是通过嚼的手段，使含在唾液中的消化酶充分地混合于汁液里，帮助消化和吸收。

最后我们了解了怎样吃蔬菜最健康后，一定要多注意。记住，一定要多多吃蔬菜！

科学地看待西式快餐

随着以肯德基、麦当劳为主的西式快餐纷纷进入我国，少年儿童便多

了一道喜爱的美味佳品。尤其是汉堡包、薯条等各种高热量的油炸食品，成了少年儿童的最爱。然而，过多吃西式快餐是有极大的危害的，这不仅会使孩子患成人病，还会加大心血管疾病的危险性。

科学研究发现：经常吃西式快餐的孩子比不吃西式快餐的孩子哮喘发病率要高出 3 倍。西式快餐虽然味道美，但是营养结构却并不合理，突出表现为脂肪过多，碳水化合物、纤维素和维生素 B_6 等摄入明显不足，胆固醇含量偏高，长期食用者，会引发营养失衡，因血液中血红蛋白释放氧减慢而导致细胞缺氧，这也是近年来青少年哮喘的发病率日益上升的一个关键因素之一。

在这些西式快餐的发祥地美国，随着人们饮食方式的变化，尤其是风行了高热能、高脂肪、高碳水化合物的快餐之后，许多人的血管壁生出了一层黄色的油腻物，那就是人们熟知的心血管病的罪魁祸首——胆固醇。同时发现身边的肥胖者越来越多了，大约有 50% 的黑人以及 33.58% 的白人加入了胖子的行列。

由于快餐的高脂肪所养成的特殊口感习惯，使他们难以再接受其他食物，饮食习惯因此无法改变，由此导致肥胖症和心血管疾病的发生率居高不下。

另一方面，由于肥胖和心血管疾病，使他们在社交、寻找理想职业以及婚姻方面都容易遭受挫折。这一切，使美国人不得不重新审视他们最爱吃的快餐，同时这也是为什么美国从 20 世纪 90 年代初期开始猛醒，对西式快餐口诛笔伐的原因。他们对快餐业生产提出新的要求：富含新鲜蔬菜、低热能、低脂肪、使用对心血管有益的不饱和脂肪酸，甚至制定了相应的法律。美国人强烈的自我保护意识，值得我们借鉴。

由于中国人的胃肠容纳食物能力本身受到我国传统的食俗习惯影响，我们通常是以植物性食物为主，动物性食物为辅。3 餐均以植物性食物垫底，再搭配以少量荤菜和蛋白质营养食物。因此，为了使人们尤其是少年儿童的健康得到保护，我国营养学专家忠告：最好不要在晚上食用西式快餐，不宜多吃含热量高的薯条、香肠、苹果派等油炸食品；尽量选择有蔬菜的品种，以补充维生素和矿物质摄入的不足；注意一天的膳食平衡；限制食用西式快餐的频率。

值得一提的是，汉堡包、油炸鸡大腿等食物不宜与炸薯条和可口可乐等配食，而应搭配以新鲜水果和时令蔬菜，这样才能够保证人体摄入营养的均衡。

想跟青少年朋友说的是，不要求大家彻底杜绝这种饮食，如果实在想吃，偶尔去吃一次解解馋也不是不可以，但是千万不要形成习惯，要为自身健康着想，克制自己，尽量地少吃。

另外，广大中小学生还应注意街头小吃。街头小吃十分常见，其对人体的危害很大。正处于长身体关键时期的青少年一定要有自己的判断，不要被那些美味所诱惑。

街头小吃摊点一般都是每晚临时摆出来的，所以大都不具备卫生条件。那么，它们的卫生状况如何？操作程序是否符合规定？从业人员有无健康证？

由于一般的小吃摊点附近没有固定的水龙头，因而他们的餐饮用水、洗刷用水全是从家里带来几桶水，这就需要他们非常节约。他们往往是一盆水洗几十副碗筷或上百副碗筷，有的甚至一个晚上只用一盆水。而抹布也是一布多用，既抹桌凳又擦手，擦手之后又抹碗碟。由于是一布多用，加之水源紧张，一块抹布整个晚上从没有清洗过，许多摊点的抹桌布变得油腻、漆黑。

小吃摊点的经营者由于摊位小、人手少，往往是一个人身兼老板、厨师、服务员、收银员等，遇到生意红火时，常常是做菜收钱忙得不亦乐乎。他们一双手既拿熟食品，又收钱找零，极不卫生。个别小吃摊点意识到水少洗碗洗不干净，于是就用塑料袋，但有很多业主打不开塑料袋时，便用手指在嘴里沾上唾液打开塑料袋，然后就将食品放进塑料袋内，这样也极不卫生。

还就是你稍留心就会发现，那些街头小吃摊根本没有营业执照和卫生许可证；而那些卖家自身的健康状况我们也无从了解，不知其是否有某种传染病，是否携带某种病菌。更可怕的是，加工前的食物来源复杂，加工条件也不完善，生产与制作环节更是存在着太多不卫生因素。

即使上述情况都是正规、合格的，由于街头本身环境差，尘土、污染物应有尽有，再加上所用的工具消毒不彻底，甚至不消毒，原本卫生的食品也会遭遇"二次污染"。

解馋事小，预防疾病事大，但凡是要吃进肚子的东西，都应当将其提高到是否危及生命的高度来对待，来不得丝毫的马虎大意。倘若因一时贪嘴而吃了不卫生的食物，导致健康受到影响，就得不偿失了。因此，对于街头小吃，一定要冷静对待，抵制住空气中香味的诱惑。

食物中毒的不同原因

广大中小学生在合理安排膳食的同时，还应该预防食物中毒。不同的食物中毒其治疗方法是不一样的，因此我们必须正确区别各类食物中毒的症状，了解中毒原因，才能进行有效的预防和治疗。

食物中毒是指健康人经口摄入了含有致病菌、生物性或化学性毒物以及动植物天然毒素食物而引起的，以急性感染或中毒为主要临床症状的疾病。慢性中毒、食源性寄生虫病、食源性过敏、暴饮暴食或食入非可食状态的食物（如未成熟瓜果等）所致的急性胃肠炎均不属于食物中毒。

变质食品、污染水源是主要传染源，不洁手、餐具和带菌苍蝇是主要传播途径。

食物中毒的原因有很多。主要有：

1. 食品原料选择不合格，可能本身有毒或禽畜在宰杀前就是病禽、病畜，或受到大量活菌及其毒素污染，或食品已经腐败变质。

2. 加工烹调不当，如肉块太大，内部温度不够，细菌未被杀死。

3. 食品在生产、加工、运输、储藏、销售等过程中不注意卫生，生熟不分造成食品污染，食用前又未充分加热处理。

4. 食品保藏不当，致使马铃薯发芽、食品中亚硝酸盐含量增高、食品霉变等都可造成食物中毒。

5. 食品从业人员本身带菌，个人卫生不好，造成对食品的污染。

6. 有毒化学物质混入食品中并达到中毒剂量。

食物中毒一般多采用按病原分类，常见的食物中毒有以下几种：

第一类是细菌性食物中毒。细菌性食物中毒是指人们摄入含有细菌或细菌毒素的食品而引起的食物中毒。

引起食物中毒的原因有很多，其中最主要、最常见的原因就是食物被细菌污染。据我国近5年食物中毒统计资料表明，细菌性食物中毒占食物中毒总数的50%左右，而动物性食品是引起细菌性食物中毒的主要食品，其中肉类及熟肉制品居首位。其次，有变质禽肉、病死畜肉以及鱼、奶、剩饭等，也能引起食物中毒。

人吃了细菌污染的食物并不是马上会发生食物中毒，细菌污染了食物并在食物上大量繁殖达到可致病的数量或繁殖产生致病的毒素，人吃了这种食物才会发生食物中毒。

因此，发生食物中毒的另一主要原因就是储存方式不当或在较高温度下存放时间过长。食品中的水分及营养条件使致病菌大量繁殖，如果食前彻底加热，杀死病原菌的话，也不会发生食物中毒。所以，食物中毒的几个重要原因为食前未充分加热，未充分煮熟。

细菌性食物中毒的发生与不同区域人群的饮食习惯有密切关系。美国多食肉、蛋和糕点，葡萄球菌食物中毒最多；日本喜食生鱼片，副溶血性弧菌食物中毒最多；我国食用畜禽肉、禽蛋类较多，多年来一直以沙门氏菌食物中毒居首位。

引起细菌性食物中毒常见的细菌有沙门菌、葡萄球菌、大肠杆菌、肉毒杆菌等，这些细菌可直接生长在食物当中，也可经过食品操作人员的手或容器污染其他食物。当人们食用这些被污染过的食物，有害菌所产生的毒素就可引起中毒。

每至夏天，各种微生物生长繁殖旺盛，食品中的细菌数量较多，加速了其腐败变质；加之人们贪凉，常食用未经充分加热的食物，所以夏季是细菌性食物中毒的高发季节。

第二类是真菌性食物中毒。真菌在谷物或其他食品中生长繁殖产生有毒的代谢产物，人和动物食用这种毒性物质发生的中毒称为真菌性食物中毒。用一般的烹调方法加热处理不能破坏食品中的真菌毒素。因真菌生长繁殖及产生毒素需要一定的温度和湿度，所以中毒往往有比较明显的季节性和地区性。

第三类是有毒动植物性食物中毒。有毒动植物性食物中毒多数是由于某些动植物在外形上与可食食品相似，但含有天然成分毒素所引起，如河豚中毒、毒蕈中毒和木薯中毒；其次是在食品的加工过程中将未能破坏或除去有毒成分的动植物当作食品食用，如菜豆、鱼胆、鲜黄花菜、发芽马铃薯、未腌制好的咸菜或未烧熟的扁豆食用等造成中毒；还有由于外来污染和存放不当，产生毒物而中毒者，如蜜蜂中毒、鱼类组胺中毒；另外，也有些是使用量过多或处理方法不当所引起者，如动物肝中毒和豆浆中毒等。

植物性中毒多数没有特效疗法，对一些能引起死亡的严重中毒，尽早排除毒物对中毒者的生命安全非常重要。

第四类是化学性食物中毒。食入化学性中毒食品引起的食物中毒称为化学性食物中毒。它主要包括：

1. 误食被毒害的化学物质污染的食品造成中毒。

2. 因添加非食品级的或伪造的或禁止使用的食品添加剂、营养强化剂的食品以及超量使用食品添加剂而导致的食物中毒。

3. 因储藏等原因造成营养素发生化学变化的食品如油脂酸造成中毒。

化学性食物中毒发病特点是：发病与进食时间、食用量有关，一般进食后不久发病。常有群体性，病人有相同的临床表现。剩余食品、呕吐物、血和尿等样品中可测出有关化学毒物。在处理化学性食物中毒时应突出个"快"字！及时处理不但对挽救病人生命十分重要，同时对控制事态发展，特别是群体中毒和一时尚未查明化学毒物时更为重要。

分辨和判断食物中毒

虽然食物中毒的原因不同，症状各异，但一般都具有如下流行病学和临床特征。

第一，有进食有毒害物质的条件，即进食过不洁、有毒或化学物质污染的食品。

第二，有中毒的表现。食物中毒的表现主要有以下几个方面：

1. 潜伏期短，一般由几分钟到几小时。食入"有毒食物"后于短时间内几乎同时出现一批病人，来势凶猛，很快形成高峰，呈爆发流行。

2. 病人临床表现相似，且多以急性胃肠道症状为主，有恶心、呕吐、

腹痛、腹泻，部分患者可有发热、便血、头晕、乏力，甚至抽搐、肌肉麻痹、意识模糊等表现。

3. 发病与食入某种食物有关。病人在近期同一段时间内都食用过同种"有毒食物"。发病范围与食物分布呈一致性，病情轻重与摄入的食品量呈正相关性，即食入越多，症状越重，因中毒者体质不同，也可出现食量少而病情重，但必定是进食过此种食物。不食者不发病，停止食用该种食物后很快不再有新病例。

4. 病程较短，多在数天内好转，人与人之间不传染。

5. 有明显的季节性，如夏秋季多发生细菌性和有毒动植物食物中毒，冬春季多发生肉毒中毒和亚硝酸盐中毒等。

第三，食物中毒与其他疾病鉴别。食物中毒的症状看上去和某些疾病类似，但是还是有一定区别的。

1. 霍乱及副霍乱为无痛性泻吐，以先泻后吐为多，且不发热，大便呈米泔水样，因潜伏期可长达 6 天，故罕见短期内大批患者。大便涂片荧光抗体染色镜检及培养找到霍乱弧菌或受尔托弧菌，可确定诊断。

2. 急性菌痢偶见食物中毒型爆发。一般呕吐较少，常有发热、里急后重，粪便多混有脓血，下腹部及左下腹明显压痛，大便镜检有红细胞、脓细胞及巨噬细胞，大便培养约半数有痢疾杆菌生长。

3. 病毒性胃肠炎是由多种病毒引起的，以急性小肠炎为特征，潜伏期为 24~72 小时，主要表现有发热、恶心、呕吐、腹胀、腹痛及腹泻，排水样便，吐泻严重者可发生水、电解质及酸碱平衡紊乱。

食物中毒有一个最佳的就诊时机，当中毒者呕吐频繁，腹泻剧烈，伴发热、便血等症状均应及时就诊，以免延误病情。

有头痛、眼肌麻痹以及中枢神经系统症状者，症状较重者或化学性食物中毒者，应紧急拨打 120 电话呼救或尽快送往医院急救。

❤ 食物中毒的紧急处理

一般说来，如果进食量少，仅有轻微的恶心等不适者，停止进食可疑食物，适当休息，给予易消化的流质、半流质饮食及对症药物即可。一旦有人出现上吐、下泻、腹痛等食物中毒症状，首先应立即停止食用可疑食物并立即封存、保留呕吐物等，以备卫生检疫部门检验处理。如发生严重或多人食物中毒时，应严格按有关法规及时向当地疾病控制中心报告，以便及时进行处置，防止疫情扩散。在就诊前可采取以下自救措施：

食物中毒是由于进食被细菌及其毒素污染的食物，或摄食含有毒素的动植物如毒蕈、河豚等引起的急性中毒性疾病。变质食品、污染水源是主要传染源，不洁手、餐具和带菌苍蝇是主要传播途径。

该病的潜伏期短，可集体发病。表现为起病急骤，伴有腹痛、腹泻、呕吐等急性肠胃炎症状，常有畏寒、发热，严重吐泻可引起脱水、酸中毒和休克。本病处理主要是对症和支持治疗，重症可用抗生素。及时纠正水、电解质紊乱和酸中毒。

食物中毒按病源物质分类可分为：细菌性食物中毒，是指人们摄入含有细菌或细菌毒素的食品而引起的食物中毒；真菌毒素中毒，是指人们摄入含有真菌在生长繁殖过程中产生有毒代谢产物的食品而引起的食物中毒；动物性食物中毒，食入动物性中毒食品引起的食物中毒即为动物性食物中毒；植物性食物中毒，最常见的植物性食物中毒为菜豆中毒、毒蘑菇中毒、木薯中毒等；化学性食物中毒，食入化学性中毒食品引起的食物中毒即为化学性食物中毒。

盛夏时节，容易引起食物中毒。在家中一旦有人出现上吐下泻、腹痛等食物中毒，千万不要惊慌失措，冷静地分析发病的原因，针对引起中毒的食物以及吃下去的时间长短，及时采取如下3点应急措施：

1. 催吐。如食物吃下去的时间在1～2小时内，可采取催吐的方法。立即取食盐20克，加开水200毫升，冷却后一次喝下。如不吐，可多喝几次，迅速促进呕吐。亦可用鲜生姜100克，捣碎取汁用200毫升温水冲服。如果吃下去的是变质的荤食品，则可服用"滴水"胶囊来促进迅速呕吐。有的患者还可用筷子、手指或鹅毛等刺激咽喉，引发呕吐。

2. 导泻。如果病人吃下去中毒的食物时间超过2小时，且精神尚好，则可服用些泻药，促使中毒食物尽快排出体外。一般用大黄30克，一次煎服，老年患者可选用元明粉20克，用开水冲服即可缓泻。老年体质较好者，也可采用番泻叶15克，一次煎服，或用开水冲服，亦能达到导泻的目的。

3. 解毒。如果是吃了变质的鱼、虾、蟹等引起的食物中毒，可取食醋 100 毫升，加水 200 毫升，稀释后一次服下。此外，还可采用紫苏 30 克、生甘草 10 克一次煎服，若是误食了变质的饮料或防腐剂，最好的急救方法是用鲜牛奶或其它含蛋白质的饮料灌服。

如果经上述急救，病人的症状未见好转，或中毒较重者，应尽快送医院治疗。在治疗过程中，要给病人以良好的护理，尽量使其安静，避免精神紧张，注意休息，防止受凉，同时补充足量的淡盐开水。控制食物中毒的关键在于预防，搞好饮食卫生，防止"病从口入"。

那么，广大中小学生应该如何预防食物中毒呢？

1. 搞好食品卫生监督，禁止食用病死禽畜肉或其他变质肉类；不吃变质、腐烂的食品；不吃被有害化学物质或放射性物质污染的食品；不生吃海鲜、河鲜、肉类等；不吃毒蘑菇、河豚、生的四季豆、发芽土豆、霉变甘蔗等。

2. 生、熟食品应分开放置，避免交叉污染。冷藏食品应保质、保鲜，动物食品食前应彻底加热煮透，隔餐剩菜食前也应充分加热。

应积极预防药物中毒

药物中毒与食物中毒类似，它们都是因误食某些东西而导致的中毒，但是药物中毒和食物中毒还有明显的区别。药物中毒一般分为 2 种，一种是农药中毒，一种是滥用药物引起的中毒。

一般来说，农村的青少年学生要防农药中毒。国家明令禁用的一些剧毒农药（如"杀虫脒"）目前仍在某些地方的市场上销售，其危害性尤其不容忽视。

农村青少年学生中发生的农药中毒事故，大致有如下几种情况：

1. 误把农药当治病的药物服用。有些农药从药瓶包装到药物形状、色泽都与某些治病的药物相似，家长和孩子必须注意识别。

2. 学生在劳动中接触农药后，不把手洗干净就拿食物吃，这样农药就会随食物进入肠胃。（生吃沾有农药的瓜果蔬菜的危险性，前面已经说过。）还有些学生在参加田间劳动，施洒农药的过程中，不戴口罩，逆风操作，以致农药飘入口鼻而中毒。

3. 家长们用沾有农药的手拿食物给小孩吃，引起中毒。

为了预防农药中毒，家长应该把买回家中的农药存放好，并告诉孩子，防止孩子误服；另一方面，要讲究卫生，增强安全防范意识。施用农药后，必须反复洗净双手。回家后最好先把外衣脱掉再做家务，防止衣服上沾有的农药洒落在食物中引起家人中毒。

在田间作业时，尽量不要让孩子施用农药。农村的青少年生病服药时，必须看清药物名称、用途，不可粗心大意，随意服用。如果帮助家长施用农药，首先要弄清楚安全使用方法以及有关注意事项，务必防止中毒受害。

城市里，青少年学生擅自服用安眠药引起中毒的事例时有所闻。有些学生由于学习紧张，思想负担重，因而夜间失眠。如果家中备有安眠药，这些学生在不清楚服用剂量的情况下，有可能一次用量过大而造成事故。也有学生不适当地超量服用巴比妥类安眠药而造成急性中毒的——药物抑制神经中枢，使呼吸和循环功能衰竭。

为防止这类情况发生，患失眠症的学生应该及时到医院去诊治，找到失眠的原因，在医生的指导下对症下药。治疗失眠症，常常需要药物治疗与精神治疗、体育锻炼相结合才能取得较好的疗效，对青少年学生来说，体育锻炼是最有效的也是最佳的途径。

无论在城市还是农村，都要防止学生因误食被老鼠药污染的食物而中毒的事件发生。学生家长应该对子女的安全负责，要把老鼠药和灭鼠用的食饵放在小孩拿不到的地方；还需告诉小孩这是剧毒药物，不可触摸和食用。

自我心理保护的良方妙药

保持心理健康很重要

科学地讲，健康的含义包括心理健康和身体健康。因此，保持心理健康，营造良好心境是对健康防病大有裨益的。那么，怎样才能保持心理健康呢？

对于一个青春期少年来说，保持心理健康应该做到以下几点：

1. 心理特征与年龄相符合。青少年的认识、情感、意志等心理过程，以及个性特征，要符合年龄增长的规律。既不能像童年时的心理那样简单、幼稚，也不同于成年人那样成熟，而是表现出青少年所应有的特点，这是心理健康的基本条件。

2. 保持乐观而稳定的情绪。要热爱生活，善于在生活中寻找乐趣，即便是干些家务也不应视为负担，而是带着情趣去干，比如做饭，不断尝试新花样，享受烹饪的欢娱等等。在学习上要不断进步，在进取中实现自己的人生价值，不断感受成功的乐趣。乐观而稳定的情绪有助于提高学习效率。在困难和逆境中，保持乐观的情绪会增强自信心。乐观而稳定的情绪是心理健康的重要标志。

3. 热爱学习，培养多种兴趣。学习是青少年时期的主导活动，是为步入成年进入社会打基础的。明确学习目的，培养对学习的兴趣，就会把学习看作是一种乐趣而主动进行学习，这样，学习就不会成为负担。不仅不会因此增加心理的压力，而且有益于心理健康。

4. 建立良好的人际关系。在家庭、学校及各种环境中，要与父母、老师、同学保持融洽的关系。与人交往中，要平等待人，尊重和理解他人，乐于助人。要和同学建立正当的友谊，寻找自己的知心朋友。

在家庭、学校和各种场合中，努力做一个受大家欢迎的人。以谅解、宽容、信任、友爱等积极态度与人相处，会得到快乐的情绪体验。尤其是被人误解的时候，要亮出高姿态，待对方晓知真相后更会佩服你，这样宽容、关心别人也有利于营造好心境。助人为乐，是一种高尚美德，其作用不仅使被帮助者感受人间真情，解决一时之难，也使助人者感到助人后的快慰。经常帮助别人，就会使自己常处在一种良好心境中。

5. 自我调节，适应环境。对自己所处的环境不满意或遇到不幸、挫折时，一些人往往会产生忧郁、悲痛、焦虑等不良的情绪，失去心理平衡。这时应采取积极的态度，疏导情绪，调整自己对现实的期待，使自己能够面对现实，以最适当的态度适应环境和处理问题，增长自己的耐受力。遇到不顺心的事，别闷在心里，要善于把心中的烦恼或困惑及时讲出来，使消极情绪得以释放，从而保持愉悦心情总伴你左右。

6. 接受自己的性身份。青春期少年要正确认识和对待自己的性身份，做符合自己性别身份的事，并对自己是男性或女性感到满意，决不因为自己的性别而产生自卑感。只有自觉认识和正确对待自己的性身份，才能愉快接受自己的性身份，保持良好的心理状态。这也是青春期少年心理健康的一个重要标志。

7. 培养生活中的幽默感。除了严肃、正式的场合外，在同学、朋友乃至家人中，说话时适当地采用幽默语言，对活跃气氛、融洽关系都非常有益，在一阵会心的笑声中，大家心情都会特别好。

健康的心理状态是学习的重要条件，有健康的心态才会有自信的状态；有健康的心态，才会在前进的路上不卑不亢，勇往直前。健康甚至会决定人生的发展方向和最终结果。健康，毫无疑问的是一种不可交易的财富。

学会失眠的自我调节

失眠是一种最常见的睡眠障碍。失眠会引起人的疲劳感、不安、全身

不适、无精打采、反应迟缓、头痛、记忆力不集中，它的最大影响是精神方面的，严重一点会导致精神分裂和抑郁症、焦虑症、植物神经功能紊乱等功能性疾病，以及各个系统疾病，如心血管系统、消化系统等等。对学生朋友来讲，造成失眠的原因主要有以下几点：

1. 情绪高度紧张。学生朋友的失眠常发生在重要考试期间。此时学习紧张，复习任务重，学生的情绪也紧张，思想负担也重。他们常常处于一种惶惶不安、焦虑紧张的状态，一会儿担心复习时间不够，一会儿害怕考不好而导致父母的责骂、老师的批评、同学的嘲笑，以致夜晚失眠。

2. 大脑过度疲劳。兴奋和抑制是大脑高级神经活动的两大基本活动过程，二者相互依存、相互协调，处于动态平衡中。有些同学，常常在考试期间加班加点，白天上课、复习，晚上仍长时间地复习功课，使神经细胞一直处于兴奋状态。此时躺在床上，肯定难以入睡，因为神经细胞的过度兴奋和疲劳，致使中枢神经系统的兴奋和抑制失去平衡，从而引起失眠。

3. 过于兴奋或悲哀。人逢喜事精神爽，一个人在遇到特别高兴的事情时，常常处于亢奋状态。如参加数学竞赛，在市里获了奖；在学校的国庆文艺演出中，得到大家雷鸣般的掌声等等，有时这种情景会不断在眼前浮现。相反，当一个人遇到特别伤心的事时，如考试不及格、受到班主任的当众批评等，则会闷闷不乐、思绪纷乱，上床后难免辗转反侧，不得入睡。

如果患了失眠症，请不必过于紧张，可试着运用以下方法进行治疗：

1. 消除对失眠的恐惧感。研究表明，失眠本身并不可怕，可怕的是对失眠的过分关注。有一些失眠者，在准备睡觉时，情绪就马上紧张起来，一躺在床上，便担心睡不好。尤其是考试的前一夜，有些学生常想：明天要考试，今夜休息不好，肯定会影响考试成绩。结果，越是担心，便越睡不着，越睡不着，便越着急，从而形成恶性循环。因此，过分恐惧与忧虑所引起的危害则远远超过了失眠本身的危害。

2. 睡前不要从事繁重的脑力劳动。即使是考试复习期间，也应在入睡前的一刻钟或半个小时之前，减少脑力劳动。可以听听曲调柔和的音乐，慢慢地整理一下床铺，用温水洗洗脸，热水烫烫脚等。躺到床上后，可"先静心，后睡眠"，即先平静心情，再闭上眼睛入睡。

3. 建立睡眠规律，遵守作息时间。许多人有这样的体会：如果平时均在晚上 10 点左右入睡，某一天因看有趣的小说或好朋友交谈，远远超过了平时的就寝时间，再躺下去便很难入睡，因为正常的睡眠规律被打乱了。因此，建立睡眠规律，形成到点必上床，到点必起床的习惯，对治疗失眠是很有必要的。

另外，对于部分较重的患者，应在医生指导下，短期、适量地配用安眠药或小剂量抗焦虑、抑郁剂，或使用一些中医药方等。这样可能会取得更快、更好的治疗效果。

神经衰弱的治疗方法

神经衰弱是一种常见的神经病症，患者常感脑力和体力不足，容易疲劳，工作效率低下，常有头痛等躯体不适感和睡眠障碍，但无器质性病变存在。神经衰弱主要症状有：容易疲劳、容易兴奋、睡眠障碍、情绪障碍、紧张性疼痛和植物神经功能紊乱。这些都会对学习产生不良的影响。

如果有的同学已患了神经衰弱，首先不要为此而苦恼，或背上思想包袱，因为这种病不是器质性疾病，也不是神经中枢的病变，而是大脑机能暂时性功能失调所引起的一种心因疾病。只要稍加调节，抱以乐观的态度，神经衰弱是可以治愈的。在治愈过程中，可注意以下几个问题：

1. 树立战胜疾病的自信心。对神经衰弱这一疾病的态度正确与否，常常影响治愈的进程与效果。如前所述，神经衰弱既然不是器质性疾病，因此，不必为患此病而顾虑重重，对平时出现的一些症状，不要过多地去注意，要尽可能地去淡化它，不要随时去体验，随时去暗示自己。

曾有一位患神经衰弱的病人，因他总是担心自己病情加重，住进了医院，他最害怕的就是晚上失眠。第二天清早，护士刚走进病房，他便对护士讲："不行了，昨天我一夜都没睡好！"护士说："你昨晚睡得挺好的，夜里下雨时我来病房关窗子，你睡得呼呼的，一点都不知道。我还两次进来拿药，你也不知道。"可见，这位病人主要是疑心太重的缘故。因此，淡化病情，树立治愈的自信心，是病情好转的前提和条件。

2. 劳逸结合，科学用脑。应根据自己的情况，制订出合理的作息制度，在保证 8 小时的睡眠的前提下，有规律地生活，这利于大脑神经活动的节律

化。用脑时间长了，便会感到疲劳和注意力不集中，学习效率下降。这是一种正常的现象。因为疲劳是人体的一种保护性反应。大脑疲劳后，应及时休息。

休息可分两大类，（1）是消极的休息，即睡眠或闭目养神。这种休息可使刚才过度兴奋的脑细胞暂时处于相对抑制状态，得到相应的休息。（2）是积极的休息。如适当参加文体活动或轮换学习不同课程，这种休息可以交替发挥大脑两个半球不同功能区的作用。因为大脑的左半球主要管人的逻辑、语言思维，右半球主要管人的形象、运动思维。因此，交替发挥大脑两个半球不同功能区的作用，便可使原来处于兴奋状态的部位转入抑制状态，原来处于抑制的部位转入兴奋状态。如看语文书久了，可演算一会儿数学题；物理、化学题做多了，可唱唱歌、听听音乐等。

3. 培养乐观、开朗、活泼的性格。具有自卑、敏感、多疑、自制力差、主观任性、争强好胜等性格特征的人易患神经衰弱，因此，培养活泼、乐观的性格是治本的关键。

4. 适当运用药物治疗。治疗神经衰弱常用的药物有：三溴合剂、安定、谷维素、维生素 C、谷氨酸、利眠宁、养血安神丸、安神补心丸等。

5. 营养障碍时也会出现神经衰弱的一些症状。饥饿时人可以出现疲劳感、注意力涣散、行动迟缓、头痛头晕、嗜睡或失眠等神经衰弱症状，除食物以外对任何事物都不感兴趣。

此外维生素 B、维生素 C 的缺乏，水、盐的摄入不足等等，都可以出现神经衰弱症状。大脑需要的营养物质，除了脂类、蛋白质、糖类、氧气和水分以外，其他如维生素、钙、磷、钾、镁以及微量元素等也是不可缺少的。神经衰弱患者在饮食疗法方面应特别注意食用对脑有营养价值的食物。

如何调节考试焦虑症

有些同学因考试而产生的紧张、不安、焦虑、恐惧等心理是一种常见的心理现象，也可以说是正常心理反应。

问题在于有的同学善于进行心理调适，使之成为学习的动力，从而在考试中正常发挥自己的水平；而有的同学由于意识不到自己的不良心理状

态，对考试焦虑缺乏有效的调节，致使考试成绩不理想。因此，对广大中小学生来说，除了平时认真刻苦学习以外，还要注意加强自己的心理训练和调适。

考试焦虑是一种复杂的情绪现象，同学们在考试期间心理上的紧张、不安、焦虑、恐惧等在情绪上的反应都可称之为考试焦虑。它可分为 2 大类：（1）是指在考试来临前的一段时间内持续存在的焦虑；（2）是指在考试过程中产生的焦虑，如"怯场"、"晕场"等。克服考试焦虑可以采用多种方法来进行自我训练、自我心理调适，以下是一些简便有效的办法：

1. 端正考试动机，减轻心理负担。每位学生对考试的意义都要有客观正确的认识，从而树立正确的应试动机。考试作为一项复杂的脑力劳动，需要保持清醒的头脑和中等程度的焦虑，以保证在考试中正常发挥水平。

反之，把考试的意义片面夸大，甚至把考试与个人的终生的成就、事业和幸福等紧紧联系在一起，考试还未来临就惶惶不可终日，带着强烈的求胜动机和沉重的心理负担去复习、考试，结果情绪焦虑程度越积越强烈，临场发挥时事违人愿。

因此，越是临近重大的考试，越要适度降低求胜动机，减轻心理负担，真正做到轻装上阵。当然这绝不意味着要求学生考试抱着消极应付的态度，而毫不准备、毫无压力地参加考试，其根本目的仍然是要求广大中小学生保持旺盛的精力和积极的心理状态来迎接考试。

2. 做好充分准备，形成良好的考试状态。充分而良好的准备状态，是预防产生过度焦虑的最有效方法。考前的准备工作很多，如物质准备、知识准备、体能准备、心理准备等，缺一不可。

一般说同学们对考前的物质准备（如考试时所需文具等）、知识准备（如全面认真复习等）已达到最高限度，因而它们对考试结果的影响相互之间差异较少。影响考试结果差异最显著的是体能准备和心理状态。

比如体能准备，有不少同学在考前拼命复习功课，作息时间颠倒，生理功能紊乱，睡眠不足，缺乏体育锻炼和文娱活动，致使大脑过度疲劳，体能下降，精力不济，这无疑极大损害了考前良好的体能准备，加之心理上的紧张焦虑，临场"晕场"的可能性就会增大。

需要特别指出的是，有些同学在考前为保证旺盛的精力，饮服大量的

高脂肪、高蛋白的营养品，不注意饮食卫生和良好习惯，造成消化不良和肠胃功能紊乱，体能不仅没有增强反而下降。考前适量补充营养是需要的，但一定要注意适度，防止暴饮暴食。无论是体育竞赛还是各种考试的经验都已证明，缺乏良好的体能准备是难以发挥正常水平的。

俗语说"大考大玩，小考小玩"中的"玩"，事实上就是娱乐，紧张学习之余的娱乐，可以使人消除生理疲劳、恢复体能，还可能使人情绪轻松、压力减轻，从而防止高强度焦虑的产生。

反之，考前忧心忡忡，焦虑不安，缺乏良好的心理准备，这样在困难还未出现时，就已被困难吓倒。就像有人说的：很多人不是被困难击倒，而是被他们自己击倒。所以，学生在考前都应积极调整自己的心理，既要对考试时各种困难挫折有客观而科学的估价，又要有克服困难挫折的充分心理准备。

3. 冷静处理"怯场"。怯场是学生在考试过程中，在考试情境与考试本身的强烈刺激下，引起情绪高度紧张和焦虑，难以控制自己的心理活动，使心理活动暂时中断或失调的现象。当学生意识到自己出现怯场现象时，不要惊恐慌乱，有几种缓解方法可供借鉴：

1. 是安静下来，暂停阅卷、答卷，静静伏在桌子上稍作休息，转移注意力，停止有关考试活动的强制性回忆。一般情况下，时间很短就可以消除怯场，正常考试。

2. 是可以用"调整呼吸法"，即当遇到情绪极度紧张时，停止有关活动，全身放松，多次做深而均匀的呼吸。呼吸时大脑最好排除其他杂念，双眼注视一个固定的目标或微闭，反复有节奏地呼吸，这样也会很快地消除怯场。

3. 还可以用默默数数的办法来暂时转移注意力，从"1"一直数下去，或用冥想法闭上双眼全身放松，想象一个大气球有一小孔漏气，气球由大慢慢变小，等等。

这些方法都可反复使用，不仅有助于克服怯场，对一般的考试焦虑也都有缓解作用。另外，为了防止考试过程中的怯场，不可以在考前短暂的几十分钟里，做一些积极的准备活动。例如考前的半小时内，不要继续进行高度紧张的复习，避免谈论和考虑有关考试的问题。而应该做一些放松

的，有助于减轻心理压力的事（例如听听音乐），防止怯场发生。

强迫症的自我调节法

强迫症是一种神经症，是以强迫症状为中心的心理异常疾病。病人常常不能自行克制地重复出现某种观念、意向和行为，并且因为这些行为而深感痛苦，但却无法自行摆脱。许多患者具有主观任性、急躁、好强、自制力差或胆小怕事、优柔寡断、迟疑畏缩、缺乏自信心、生活习惯比较呆板、喜欢过细地思考问题等性格特征。强迫症大多在一定的精神因素作用下发病，或病前有身体疾病，过度疲劳等，造成神经系统功能减退而起病。这种疾病常发生于青春期。

国内临床医学专家将强迫症的表现分为强迫观念或强迫意向和强迫行为两大部分。强迫观念表现为不自主冒出某种想法、某句话、某句歌词等；还可表现为强迫性思维，即总是想着一些毫无现实意义而且不可能得出结论的问题，而这些问题多是一些普通的自然现象或日常生活中的事物，如人为什么长两只眼睛和耳朵？1加1为什么等于2？等等。对于以上情况，病人明知没有必要，也毫无意义，但又无法摆脱，内心十分痛苦。

强迫意向指病人被一些超常的、不合情理的欲望和意向所纠缠，产生一些可能导致可怕后果的冲动。例如，走到河边或井旁时就出现要跳下去的冲动，母亲（病人）抱着心爱的孩子在凉台上乘凉时出现要把孩子扔下去的冲动等。有的患者有强迫行为，如离家后反复回来检查门窗是否关好或锁好。有的患者常怀疑自己的手或衣服被玷污了，虽反复洗了多次，仍不放心。有的患者每当见到台阶、柱子等便不由自主地依次点数，明知毫无必要，但不计数就心里不安，甚至计数漏掉了又从头再数一遍。有的还重复某种仪式性动作，如在无人处走3步以后必跳1步，一只手臂碰了椅子，另一只手臂也一定再碰一下椅子，表示一切动作均要保持对称性。

如果某同学存在以上某种现象或身边的某个人存在以上某种现象，都必须认真对待，到医院去进行心理治疗。可以参考以下这个方法，包括4个步骤：

第一步是再确认。第一步最重要的就是学习"认清"强迫症的想法与行动。每天的觉察几乎是自动化的、肤浅的。"全心的觉察"是更深刻的、更仔细的，且要经由专注努力才能达成。记住想改变脑部的生化变化，来减少强迫性冲动可能要花上几周或几个月。

若想在几分钟或几秒钟内赶走这些强迫症状，是会让您失望的！事实上反而会让强迫症状更严重！在行为治疗当中要学习控制自己不对强迫性想法作反应，不管它怎样干扰我们。目标是控制你对强迫症状的反应，而不是去控制强迫思考或冲动。

第二步是再归因。自己对自己说："这不是我，这是强迫症在作祟！"强迫性想法是无意义的，那是脑部错误的讯息。你要深切地去了解，为何急着检查或"为何我的手会脏"这么有力量，以致让人无法承受。

假如你知道这些想法是没有道理的，那么为何你对它要反应呢？了解为何强迫思考是如此的强烈，与为何无法摆脱它，是增强你的意志力和强化你去抵抗强迫行为的重要关键。这个阶段的目标是学习"再归因"：强迫想法的源头是来自脑部生化的不平衡。

第三步是转移注意力。转移注意力是要将注意力转移开强迫症状，即使是几分钟也行。首先选择某些特定的行为来取代强迫性洗手或检查。任何有趣的、建设性的行动都可以。最好是从自己的嗜好下手，例如：散步、运动、听音乐、读书、玩计算机、玩篮球等。

当有强迫性思考时，你先"再确认"那是强迫性思考或冲动，且"再归因"那是源自你的疾病强迫症，然后"转移注意力"去做其他的事。记住不要陷入习惯性的思考，必须告诉自己："我的强迫症又犯了，我必须做其他的行为"，你可以决定"不要"对强迫思考做反应，你要做自己的主人，不要做强迫症的奴隶！

第四步是再评价。再评价的终极目标是贬抑强迫症状的价值，不随着它起舞。再评价有2个重点：

1. 有心理准备，就是了解强迫症的感觉将要来，并且准备承受它，不要惊吓。

2. 接受它，当有强迫症状时，不要浪费力气自责。

有强迫症的人必须锻炼自己的心志，不要依照强迫性感觉思考去做。我们必须知道这些感受是一种误导。用一种逐渐但是温和的方式来改变对

强迫症状的反应，并且试图与之对抗。我们从中学习到即使持续、强迫性的感受，都只是暂时的，只要不随之起舞，它终将消失。当然我们也记得当我们对强迫症投降时，它会越来越强烈以致淹没我们。我们必须学习体认这些强迫性冲动来自何处，并且试着对抗它。

正确调节青春期情绪

情绪是心理活动的核心，对身心健康有重大的影响。因此，学会自觉地调节和控制情绪，是心理保健的重要内容。我们在日常生活和学习中，无论做什么事都带有情感色彩：当考试取得好成绩时，会感到喜悦；失去珍贵的东西时，会感到惋惜；如果愿望一再受妨碍而达不到时，则会失望甚至愤怒；进入一个陌生的环境时，会感到局促不安甚或产生恐惧等。这些喜悦、悲哀、愤怒、恐惧等等情绪活动，都会引起身体一系列的生理变化。

据科学研究，积极健康的情绪，如愉快、欢乐、适度的紧张，对人体都有好处，它可以引起心脏输出量增加，促进血液循环，使人精神振作，大脑工作能力增强。而伤心、悲痛、愤怒、焦虑等消极情绪引起的生理变化，于人身体是不利的。如机体长期处于这些不良的情绪影响下，往往会引起多种疾病的发生，如高血压、胃溃疡，以及心理障碍等。因此，青少年应该懂得情绪在保护心理健康中所起的重要作用，并学会自我调节和控制情绪。

那么，怎样去调节和控制情绪呢？

1. 要培养自己具有乐观的生活态度。无论遇到什么困难和挫折，都要以乐观、积极的态度去面对，相信问题总会有办法解决的，从而勇敢地面对现实、努力进取、永不失望，对前途充满信心和希望。持这样的乐观态度往往会产生积极情绪。

2. 要适当地发泄积存在心中的不良情绪。比如，可以向知己的人倾诉自己的苦恼和忧伤等等。这样做，有助于消除心中的烦恼、压抑，从而达到心平气和。这种发泄对心理健康是有益的。

3. 学会自我安慰。自我安慰法是指人在消极心态下找出各种理由，为

自己的行为辩解，以使内心得以平衡、精神得以安慰、情绪得以转化的方法。常见的自我安慰方法有比较法和比拟法。当一个追求某项事情而得不到时，为了减少内心的失望，常为失败找一个冠冕堂皇的理由，用以安慰自己，就像狐狸吃不到葡萄就说葡萄酸的童话一样，因此，称作"酸葡萄心理"。

4. 要保持适当的紧张和热情。紧张是一种情绪，它能维持和提高学习、工作效率。如考试时产生的紧张情绪，能使大脑功能达到最高效率状态；平时上课或做某件事，也需要保持适当的紧张。张弛调节适度，就会使生活更有节奏和情趣。

5. 要善于理智控制自己。青少年的种种要求和愿望，都应符合社会道德和规范，否则就要用理智打消这种念头，不能苛求社会与他人满足自己的一切愿望。古人云："人有悲欢离合，月有阴晴圆缺。"确实，人生不如意的事常有之，历史上和现实中没有几件事是圆满的。世上不会有永远美好的事物，今天你身处逆境，情绪不佳，但通过奋斗，你就可能获得成功、受人尊敬。这样做对维持心理平衡，培养健康情绪有好处。

6. 提高认识和修养水平。平常，我们能看到文化素质低的人，不善于控制自己，出口成"脏"。而一个修养高的人，他是无论如何不会去骂大街的。同时，他也善于控制自己的情绪，并自我调节。因此，提高自己的认识和修养水平，对保持愉快情绪，自我调节好情绪是很有帮助的。

保持乐观情绪的方法

如何才能保持乐观的情绪呢？善于人际交往，良好的人际关系，本身就会使一个人乐观愉快。孤僻的人，不善交往的人，他们不快乐，因为他们缺乏与人的沟通，不能理解和信任别人，他们缺少友谊。当他们有苦恼时，没处诉说，于是只好憋在心里，就会感到不快乐。

1. 多参加有益的娱乐活动。例如，桥牌活动、沙龙、联谊会、庆祝会等，这会使自己的心情时常保持一种愉快状态，同时，它又是人的一种精神寄托，在这些活动中，可结交很多朋友，甚至会结交一些志同道合的朋友。通过参加这些活动，也能陶冶自己的情操，使自己遇到心烦事苦闷时，能转移心情和注意力。

2. 学会爱别人，积极去帮助他人，向他人显示你的爱心，并把爱心传给他人。有些自卑、孤僻的人，他们与乐观绝缘，因为他们时常处于一种封闭状态，他们不愿与别人交往，当然谈不上爱别人，去帮助别人。一个人若不愿与人交往，久而久之，别人也会越来越疏远你，这时，你就会孤独，就会感到不快乐。

相反，你若时常主动去帮助他人，一方面能得到他人的感激和肯定，另一方面，也能体现自己的价值，别人也愿与你交往，这时，你就会感到自己是一个快乐的人。

3. 对人要宽容。心理咨询时，我们常碰到这样一些来访者，他们说自己情绪总是不稳定，波动大，别人总喜欢与自己过不去，自己总在想办法对付这样的人。其实，在生活和人际交往中，难免会磕磕碰碰。遇到这样的事，人要宽容，大事化小，小事化了。俗话说："你敬人一尺，人敬你一丈。"对于你的宽容，大多数人是会接受，并与你同行。你若不能容忍，想办法对付和报复。这样，一报还一报，永远没完没了，你也不会感到快乐。因此，对人要宽容。

4. 要正确、辩证地看待生活。生活充满了五颜六色，说的是生活满是酸、甜、苦、辣，既有甜蜜的部分，也有令人苦恼的部分。就是因为生活什么都有，所以才有意义。一般来说，生活完全是痛苦，这是人所不希望的，但生活全是幸福，这也是不现实的。名人、伟人、政治家有他辉煌、灿烂的一面，但他们也有他们的苦恼，甚至不幸。因此，面对生活，我们应该充满乐观，当幸福来临时，我们不可忘乎所以；当不幸降临时，我们应该坚强，笑对世界，笑对人生。

5. 知足常乐。人生需要目标，既需要大目标——你的理想，也需要小目标——近日的工作和学习计划。你的目标不要定得太虚无缥缈，因为那难以实现，往往会导致你的失望，甚至悲观。你要知足，小事往往成就人的事业，很多劳模、英雄，他们并没有惊天动地的事迹，他们都是做很平凡的小事，然而，平凡孕育着不平凡，就是这些小事，才使他们获得了成功。在制定目标及实现过程中，人要知足而乐。

6. 学会心理防卫。当自己烦恼时，可却想高兴的事，做高兴的事，这

是移情的作用；当自己没有钱，物质上比不过人家时，你可以在事业上干出一番业绩来，从而得到满足，这是补偿作用，等等。

要学会消除自卑心理

心理学上把自卑归于性格方面的一个缺陷，属于一种人格障碍，它使人轻视自己，对个人能力和品质做出过低评价，在行为上失去进取心，自认为无法赶上他人，严重的还可能形成厌进心理。被自卑所控制的人在竞争面前退避三舍，在追求目标方面丧失信心，在与人交往中缺乏勇气，这是一种消极的心理品质。心理不成熟的人要谨防走进自卑误区。

那么怎样消除自卑心理呢？

1. 自信是消除自卑心理最根本的动力。不要害怕失败，因为失败是难免的，要想到"失败是成功之母"，应以积极的态度分析失败的原因，相信自己的能力和毅力，克服困难，向成功努力。

2. 正确评价自己。多挖掘自己的长处，多发挥自己的长处，充分利用自身的优势，尽可能地多出成绩，这样就可以不断巩固和增强自信心。

3. 以勤补拙。古人云："勤能补拙是良训，一分辛苦一分才。"要通过刻苦学习，不断让自己体验到一些成功。通过学习上的进步，哪怕是点滴成绩，来使自己增强信心。从消除自卑角度来说，失败是成功之母固然有道理，而"成功是成功之母"对大家更为重要。因为不断取得成功的人才会更有信心与勇气去追求更大的成功。追求你自己的成功要量力而行。争取的目标要力所能及，步步向更高的目标攀登。

4. 用"补偿法"保持心理平衡。自卑者平时要多以己之长比他人之短。遇到挫折时别泄气，不要想"我不行"，而应该有充分的自信："我能行，我一定能行!"人不可能在各个方面都出类拔萃，也不可能总是常胜将军，有长有短，有胜有败。

当自己在某一方面落后于别人时，要客观进行分析，看是否有条件和能力赶上去，如果有，就下工夫去拼搏；如果缺少这方面的"天分"就应接受这一事实，继续努力保持现有水平，争取提高，而不必自卑自怨。没有好嗓音唱歌，但也许在体育活动中可夺标；没有美术特长，却也许有组

织社交能力。

5. 不必在意旁人的贬低。贬低别人的人往往是出于妒忌心理或其他原因。要记住：只要你不承认自己有自卑感，谁也没有办法使你自卑。

自恋心态的自我纠正

自恋可以分为健康的自恋和不健康的自恋，那么，如何区分健康的自恋与不健康的自恋？健康的自恋相信自己是可爱的，并认为这是不证自明的，不管别人评价如何。这样的人首先对自己有一种基本的信任，认为自己就是值得喜欢的，即使有人批评我，也肯定是关心爱护我；而不健康的自恋，则不相信自己是可爱的，总是需要通过别人的评价来证明。如果遇到批评，则一定会认为别人对自己不好，别人是在对我进行恶意攻击。

健康的自恋，能够区分自己的想象与现实的差别，在面对理想的同时，立足于现实。对世界、对他人的评价都比较符合实际，能够较宽容地对待自己和他人；而不健康的自恋者难以区分幻想与现实，凡事凭主观想象。他们要求现实一定要达到"绝对美好"的程度，沉醉于自己的幻想。对他人强求，要求别人一定要对自己好，却又不停地抱怨、感叹人心叵测、生不逢时，在讨好他人的同时，却不信任他人，甚至对他人充满深深的敌意。

健康自恋的人，能够区分自己与他人的不同。他们爱自己，也爱他人，尊重自己，也尊重他人，能够平等、友好地与他人相处，希望自己过得好，也愿意别人得到幸福；而不健康的自恋者，他们难以区分自己与他人，表面上看上去他们自尊心很强，而实际上，却是因为无法相信自己。他们往往以自我为中心，并且到了不会为他人着想的地步，他们在夸奖别人的同时，总是要表明自己更优秀，甚至不惜贬低他人来标榜自己。

健康的自恋与不健康的自恋是两个相反的极端，更多的人是处在中间的某个位置，或者稍微更偏近健康的一端或不健康的一端。究其原因，我们需要真心实意爱自己。只有真诚地爱自己，才能真诚地爱他人和爱世界。

对于那些有不健康的自恋的人，我们有 3 条建议：

1. 尝试着把专注的目光从自己身上移开，去关注离自己最近的人。要欣赏而不是挑剔，连别人幼稚的或愚蠢的举动都是可以用来欣赏的：一个

胖胖的人不允许别人提"胖"字，一个已经骨瘦如柴的人还在那里刻苦地减肥，决不允许自己的身上多出一磅肉，比威尼斯商人夏洛克还残忍，那是活生生发生在生活中的喜剧，作为一个欣赏者，你的心情会非常好。假如是挑剔，你就会拒绝外部世界的融入转回自恋状态。

2. 尝试做一个自我分析，最简单的办法就是列出自己的性格优势以及劣势，同时列出与自己的性格相关的真实事件。假如你的自我分析中只有优势只有成功，那肯定是自己在骗自己。通过自我分析，一个人甚至可以找到命运的曲线。性格决定命运，人站在命运之上，根据自己的经历产生的态度处理接下来的问题，命运也不过是这样的不同事件的连接。自恋的人会因此找回自己的真实。

3. 生活中的人应该在适当的时候为自己归零，让自己回归到零状态。你是一个高级职员，在你的职位上做出的业绩都写在了功劳簿上，可是你被提升成经理，在心态上就有必要归零。你会说我很优秀，也没有人不承认你优秀，你的优秀是蚂蚁的优秀，你战胜了诸多蚂蚁脱颖而出，你已经进化成大象，跟你站在同一起跑线上的也是大象。

怎样才能预防抑郁症

情绪低落既有生理方面的原因，也有心理方面的原因，对大多数人来说，这两方面都有一些促进的因素。这些因素有累加效果，因此对付其中任何一个因素都会起作用，即使是你觉得不太重要的因素，譬如压力，它就像麦秸一样，太重了会将骆驼脊背压断的。有5条长期策略能帮助你预防抑郁症或防止抑郁症再发作。

1. 要注意睡眠、饮食和运动。我们不可忽视那些有可能导致情绪低落的基本生理因素。如果你睡眠不佳，食欲不振，听任自己处于不良的生理状态，你就很容易出现低落情绪，因为日常活动耗尽了你的精力，很快就会把你压垮。

失眠是低落情绪的一种很普遍的后果，反过来它又能使你容易发作抑郁症。在抑郁症发作期间，你很难对失眠采取什么直接的对策，因为你需要集中精力对付抑郁症。因此在你情绪较好的时候，就应该养成良好的睡

眠习惯。

对于酒精饮料也要特别注意。对于易发抑郁症的人，这是一个很大的问题。酒精能暂时使你逃避问题和烦恼，然而由酒精而激发的那点轻松感和自信是很肤浅的，问题仍然潜伏在表面之下，在暗中蔓延滋生，最终必将爆发出来，带来更深的抑郁，将比以往任何一次更加难以对付。

过度的节食会使你心情烦躁、抑郁、疲倦和虚弱。女生普遍希望自己的体重和体形得到控制，因而控制她们的饮食。然而她们往往把自尊心和体型外貌乃至节食过于紧密地联系在一起了。另外，运动能防止抑郁症的发作，有助于增强体力。它也能较快地提高情绪，短时间地缓冲抑郁。

2. 要明确价值和目标。如果你很容易发作抑郁症，应该检查一下你的人生目标和价值，检查一下你是怎样消磨时间的。

反复出现低落情绪的一个重要原因是你实际做的事情同你真正看重的事情不相称。这种不相称本身并没有明确表现出来，都表现为笼统的抑郁情绪。如果你还没有写下你的价值和目标的个人声明书，我们建议你做一下。

它能帮助你评价目前的工作和个人生活是否符合你的价值观。如果不是的话，它能帮助你选择最有利于摆脱抑郁苦恼的改变方案。

3. 将欢乐带入生活。抑郁常常导致自尊心的下降甚至自暴自弃。易感抑郁的人往往比较善良、体贴他人、利他主义，却往往过低评价自己、贬低自己、拒绝应得的欢乐。即使在情绪正常的时候，他们也总是觉得自己没有资格享受欢乐。他们不值得欢乐，总是把别人的需要放在第一位。有许多父母就是这样。他们把儿女的需要放在大大高于自己的需要之上，而不给自己留下一点点时间和空间。

即使你现在还不认为你有资格享受自己的欢乐，至少你应该做你自己所喜欢的事情。无论工作怎么忙，你也必须找时间来让自己轻松一下，做一点你觉得能使自己高兴的事情。眼前的欢乐能帮助你预防未来的抑郁。将欢乐带进生活的确是良好心境的基本策略之一。

4. 不要孤注一掷。世上没有一帆风顺的事情。每个人都会遇到学习或工作的某些方面进展不顺的情况，或个人爱好得不到满足，或生活中似乎充满各种问题。因此如果将所有的自尊心都绑在生活的某一件事情上，你肯定会变得非常脆弱。

为了避免发生这种片面的依赖性，最好是有生活的多个方面：朋友、家庭、工作、爱好和兴趣、家庭内和家庭外的、社会和个人的。每一个部分都能增强你的自尊心。当生活的某一个方面进展不太顺利的时候，你还可以从其他的方面获得安慰和支持。

5. 建立可靠的人际关系。当发生什么不利事件时，有一个可以完全信赖的人，无论是亲戚、配偶或朋友，是防止抑郁的最重要保证之一。如果你还没有这么一个亲密的可以依靠的人际关系，你的朋友也不能向你提供能帮助你防止抑郁的感情支持，你就应该想办法开始建立这样的支持关系。

建立可靠的人际关系需要时间，需要你自己的努力，不可能一夜就建立成功。虽然似乎有点困难，但你要记住：在生活的任何阶段都可以建立这样的关系。值得注意的是，可靠的人际关系决不应该是溺爱式的关系。我们不仅需要支持，还需要有自己的空间，自己的独立性和意志自由。你应该对关键性的关系进行一下检查，有没有"支持过度"？有没有给你留下太少的独立自主时间？如果有这样的情况，你应该同对方商量，做一点改变，以寻求支持和独立之间的最佳平衡。

实施以上5条策略，你就能够保护自己，预防抑郁或防止再发生抑郁问题。

应在人际交往中保护自己

"洁身自好"防诡计

生活在社会大家庭中的每一个人，都需要与他人交往。相对而言，青少年学生平时的交际活动要比成年人单纯一些。但是，由于青少年学生年轻幼稚，缺乏社会经验和辨别是非的能力，在与他人交往中容易发生人身与财物的不安全问题。

从青少年学生交往的对象来看，除了老师、同学之外，还有在校外结识的熟人、朋友。另外，学生在外出办事、购物、游览等活动中，也要与陌生人交往。不管与什么人交往，不管采取什么方式、方法交往，青少年学生都有必要注意自我保护。一方面，预防少数与之交往的人心怀叵测加害于自己；另一方面，预防自己在交往过程中出现某些不恰当的言行而招致对方的伤害。

社会的复杂，首先表现为人际关系的复杂。毛泽东同志曾经说过，凡是有人群的地方，都有左、中、右，他在这里是从政治立场来划分的。如果我们从思想、道德、品质、人格等方面来划分的话，通俗地说，可以概括为：凡有人群的地方，都有好人、比较好的人和坏人。

青少年学生与好人或比较好的人交往，一般不必担心受害。若与坏人交往，则必须防受其害，而坏人又不是容易识别的。青少年学生在与人交往的时候，首先要"洁身自好"——自己为人正派，与人为善，同时又要能明辨是非，不受邪恶行为的影响。特别在对方施以恩惠时，必须保持头脑清醒。

小明是初中三年级的学生，嘴巴比较馋。一天下午在放学回家的路上他碰到两个似乎面熟的青年人，被他们拦下车来，带进了旁边一家个体饭店。两个青年人花言巧语与小明套近乎。酒足饭饱之后，他们就借口上厕所溜之大吉。

小明在久等不见人的情况下打算起身回家，饭店老板却拉住他结账。小钱说不清他是被两个什么样的人"请"进来吃饭的，无可奈何，只得把手上一只手表摘下来押给老板，次日让父母来结算饭钱。后来被公安机关查获落网的这两个青年人，原来是半年多前的刑满释放人员。他俩与个体饭店相勾结，狼狈为奸，采取这种手法，曾先后让 10 多名学生上当受骗。

与小明相比，女学生小方更惨了。小方爱漂亮爱打扮，但家庭经济条件不好，无法满足她的要求。离她家不远的一家个体户的小老板发现这一情况后，常常"接济"她，少则三五元，多则几十元。小方开始不大肯收，但经不起金钱的诱惑，最终还是落入了圈套。她每拿一次钱，都记下一笔帐，心里总是想，以后工作赚了钱还给小老板。

时间一晃过去 5 个多月，一天下午小方放学比较早，走过小老板的商店门口时被叫住了。跟往常不同的是，这次小老板把她叫进了店里边的一间小房内，而且塞给她的钱更多。小方感到难为情，推辞不收。小老板马上脸色一变："你不要可以，那就把过去的钱统统还给我好了。"

这可把小方难住了，只得把对方的钱又收了下来，小老板得意洋洋地笑了。接着，他不顾小方的竭力反抗，肆无忌惮地强暴了她。直到这时候，小方才看清了小老板的狰狞面目。

小明的例子比较单纯——交友不慎；小方的例子比较复杂——起因是爱美，发展到有点"爱钱"了。须知，艰苦朴素是中华民族的优良传统，有了钱不能挥霍浪费，没有钱生活更要俭朴，特别是不能有虚荣心。外表美并不在于穿得花俏，作为依靠家长生活、求学的学生来说，衣着朴素整洁，言行文明礼貌，这才是真正的外表美。我们不反对家庭条件好的学生穿戴得漂亮一点；但是作为学生，在衣着打扮上，不应该有过高的追求。小方同学的教训值得大家认真汲取。

现在，有些高年级学生利用业余时间打工挣钱。应该说，在不影响学业的前提下，依靠自己的劳动收入减轻家庭的经济负担，改善学习、生活条件，这是好事。但是，学生打工应该有所选择，不能到歌舞厅、咖啡厅、卡拉 OK 厅、游戏机房等人员复杂的娱乐场所去打工。

陈某现年 18 岁，高二学生。由于他学习成绩不佳，考大学无望，加上父母收入较低，也盼他早点参加工作，因此从高一开始，他就利用晚上和星期天、寒暑假去打工，从饭店、商店到歌舞厅，断断续续地换了好几个地方，直到最后被小流氓打伤才歇手不干。

据了解，陈某在歌舞厅打工期间，与女流氓郑某混得很熟，彼此以姐弟相称。出事那天，郑某叫小陈帮忙，去"教训"一下她的冤家赵某。赵与郑是一路货色，双方因争风吃醋而结下了仇恨。谁知当陈某来到赵某家时遇上了一伙小流氓，以致自己被打成骨折，住进了医院。小陈的错误是不该去那种地方打工，结识了品德不好的郑某，结果付出了一笔"学费"。

我国法律规定，未成年人不得进入歌舞厅、卡拉 OK 厅、游戏机房。其原因就是这些公共娱乐场所治安情况复杂，而且那些娱乐活动不利于未成年人健康成长。即使像陈某这样一些已经成年的高中学生，也往往因涉世不深，在复杂的环境中缺乏免疫能力而受到不良影响，甚至被人利用，惹出灾祸。

谨防五花八门的骗术

我们在"居家自我保护与安全防范"一章中谈到过歹徒冒充记者行骗的例子，此类行骗方式还有"招生"、"招工"、"招演员"、"办艺术展览"、"书法作文评奖"、"邮寄高考复习资料"、"帮助治病"甚至"提供出国读书经济担保"等等，五花八门，不一而足。

这些不法之徒都是利用"人往高处走"的心理，来引诱他人——特别是青少年上当。我们从公安部门掌握的一些案例和报刊公布的一些材料中摘引一部分辑录在下面，让骗子"亮相"，让骗术曝光，帮助青少年朋友在与人交往中提高辨别能力。

1994 年 12 月，安徽省南陵县农民梁某、汪某窜到某地一家旅社，以"风华书法艺术中心函授部"的名义，草拟"招生启事"，并盖上私刻的公

章。"启事"在武汉《××报》上刊出后，骗取了全国各地汇来的参加硬笔书法及毛笔书法班的学费 4800 多元。

几个河南人跑到某市，租用一户居民家的房子，开办了一个"中学学习资料编辑部"，到处发函寄信，征订"春季各科试卷"，谎称这些"试卷"是组织某市 3 大名牌大学专家教授编定的，反映了当今考试的最高水平和最新命题趋向。上当者为数甚多。

上面这些诈骗术，今后还可能出现，希望广大学生高度警惕，不要见到广告、信函或大红"公章"就信以为真，马上汇款报名、买资料。应当先看一下广告登在什么样的报纸上；出版物上有没有书号（ISBN）、刊号（ISSN），即使有书号、刊号，还应看看编校印刷质量是不是粗制滥造；信函上的邮戳与发信地址是否相符；再分析研究一下内容的真实性、可靠性怎么样；还要注意收款的是个人还是单位。

对于那些登在小报上的、邮戳与发信地不一致的、内容夸大的、汇款寄给个人的广告信函，一律不予理睬。如果你对它感兴趣，真想报名、购物的话，也应该与老师、家长商量一下再作决定。否则，一旦受骗，汇出去的款是收不回来的。

在招生诈骗中，除了通过广告形式外，还有面对面行骗的。1995 年 6 月中旬，初中生赵琪出了 300 元钱报名参加一个电脑班学习。讲好一人一机，为期 3 个月，包教包会。可是开始学习后，却是 7 人合用一台电脑，学了 2 个月，电脑和老师均不见了，气得家长投诉报社，呼吁揭露、取缔这种坑人骗钱的电脑班。

现在，开设业余学习班，教学各种专业知识的趋势有增无减，希望大家报名时应当仔细了解一下主办单位是哪一家？可靠性怎么样？饥不择食就容易上当。

冒充警官招生行骗，更易引人上钩，因为在一般人的观念中，认为警察总不会是假的。其实不然，曾有 5 个假警官连续 2 年以招生为名，骗得 3 万多元现金，这是《法制日报》披露的一个案例。

此事发生在河南省境内。1994 年，这 5 个骗子打着某政法干校的幌子，谎称招生，骗取了 6 名学生近万元钱。1995 年，他们又在某市设立"招生办"，购买了警服、警衔，刻制了公章、钢印，伪造了招生简章，以"转户口、包分配、当警官"为诱饵，在一个多月内，使 17 人上当，被骗 2 万多元。

无独有偶，1995 年 8 月 26 日，江苏省淮安市公安局也查获了一起利用招收警校学生为名诈骗钱财的案件。罪犯陈某冒充河南省公安专科学校某分校政委，伪刻了一枚"河南省公安专科学校××分校"印章和一份"招生简章"及"录取通知书"等，指使另 2 名案犯在淮安市某镇招收 100 名警校学生。报名者只要每人交纳 2250 元现金，便可当场拿到"录取通知书"。这种做法本来是十分荒唐可笑的，但竟有许多人会上钩。

对于利用警校招生行骗的伎俩，识别的方法很简单，只要查问一下当地公安派出所便可辨别，因为公安学校到任何地方去招收学生，都必须通过当地公安派出所帮助开展工作。而且，我国招收警校学生是很严格的，绝不可能只要交钱就能入学。问题的关键是警校太吸引人了，特别对那些高考落榜的学生来说，一听到这种消息，就生怕坐失良机，根本不考虑是真是假。再加上这些假招生的骗子穿了警服，欺骗性就更大了。过去、现在以至今后，假警察总会有的，冒充警察的犯罪分子还会利用人们对警察的高度信赖以售其奸，广大青少年学生万万不可被其表面假象所迷惑。

打着招工（介绍工作）的幌子进行诈骗，是当今社会上比较流行的一种骗术。还有一些打出的是"职业介绍所"的招牌，更加具有欺骗性。

现在的职业介绍所既有国家办的，也有民间办的。民间办的职业介绍所，有一些往往是为了赚钱而设立的，并不对报名者负责。1995 年初南方某省城，曾对市区 50 家职业介绍所做了个调查，发现其中一半是民办的。

他们只是和某家单位有些联系，便打这个单位的旗号，以介绍工作为幌子，捞取钱财。所以，当你对正在招工的职业介绍所的性质不清楚时，就应该到当地劳动行政部门去了解一下，如是民办的，就要小心谨慎，没有充分把握，不要去报名交费。有些单位在向社会招工时，在招工条件中明确规定必须交纳多少钱，这就有可能是以招工名义骗钱的，因为国家劳动部规定："用人单位不得在招工条件中规定个人缴费内容。"

借招收演员之名，行骗钱骗奸之实，这是某些骗子惯用的一种手法。有些电影、电视在拍摄过程中，确实需要物色个别演员或临时招收数量有限的配角演员和群众演员，在这种情况下，报名竞争者往往很多。于是，别有用心者便设法骗取那些一心想上银幕、上荧屏的青少年的钱财，甚至乘机侮辱女青年。这种骗子，有些是文艺界的败类，他们的身份不假，行为则卑鄙污浊，欺骗性特别大。

看病也要防骗。《法制日报》曾在"警惕假医行骗"的标题下，揭露过游医骗人钱财、害人性命的种种卑劣行径。文章中指出，游医大都不懂得医术；有的只不过是江湖郎中，却冒称专家，到处贴广告，坑害百姓，蒙骗患者。更使人惊奇的是，正式的医院里也有人行骗。

1995年哈尔滨就发生过假教授在真医院"坐堂行医"的骗局：曹某并无行医执照，竟冒充北京来的"教授"，先后于市口腔医院、电表厂职工医院"租赁"诊室对外开诊，每隔一周换一个地方。他雇人专拉病人来就诊。在他手中出售的药，几小包就收费400～600元，而这些药不过是用普通中药片捣成的粉末，吃不好也吃不坏。短短3个月间，共骗了100多名病人的8万多元钱。

所以，青少年学生不仅不可相信游医，而且去医院看病也应通过挂号就诊的正常途径就医，不能轻信他人的花言巧语。

识别"披着羊皮的狼"

对于中小学生来说，学会识别身边的好人与坏人，做好自身的安全防范，更显重要。一方面，中小学生要有预防坏人侵害的警惕性，消除那种对危险的麻痹和侥幸心理。另一方面，更要学会掌握和运用自我安全防范知识，增强自身防范能力。

小丽是个生性活泼的女孩，对五彩缤纷的生活充满好奇，充满希望。某年3月，小丽当时14岁，在某省初中二年级上学。这几天，学校放假，父母都上班工作，呆在家里的小丽觉得没事干，便相约了几个同学，去武汉游玩。转天一大早，几个人便赶到火车站乘上了火车。一路上同学间有说有笑，十分热闹，过了几个小时，火车到达长沙站，因要在此换车，几个人便到车站外面等候。

"喂，小妹妹，看样子是出来旅游吧？"一个30多岁的男子走上来，显得十分关切地问。

"是的，我们准备到武汉去玩，在这换车。"小丽快人快语。

"对了，我们这儿恰巧多买了一张去武汉的票，如果愿意，可以一起走。"这男子一摆手，一个30岁左右的女人过来了。

"小妹妹，和我们一起走吧，我们带了些服装，你路上帮助我们推销一下，还可以赚点钱。"那女人鼓动说。

"可是，我们几个同学一起来的，不能分开的。"小丽略显为难。

"这还不好办，告诉你同学咱们在武汉某地等他们就可以了。到时候你也有点钱，不就可以玩得更好吗！"那女人使劲鼓动。

小丽心动了，心想有人这么热情，给买了车票，只是顺路帮助卖衣服，而且自己还能挣些钱，倒也不错。于是就答应了，可她万万没有想到，自己已落入了人贩子的手中。她乘坐的不是去武汉的车，而是坐到了安徽，被人贩子卖给了某农村青年为妻，受尽了折磨。直到过了几个月，公安机关根据抓获的人贩子交待的线索，才把她解救出来，恢复了自由。但这一经历给她造成的心灵创伤却是无法挽回的。

坏人，一般是指品质恶劣的人以及进行抢劫、盗窃、诈骗、杀人放火、流氓等严重破坏社会秩序活动的违法犯罪分子。

从表面上看，坏人与常人没有什么不同。他，可能长相很丑，也可能很英俊；可能或高、或矮、或胖、或瘦；可能是素不相识的陌生人，也可能是你认识的朋友；既可能是男性，也可能是女性；可能一个人独来独往，也可能三五成群，结伙出现。在你毫无戒备或失去戒心的情况下，趁机侵犯你。但只要我们具备一定的识别坏人作案的常识，潜在的危险就可以消除。

因此，为免受坏人的侵犯，首先就要在头脑中树立安全防范意识：坏人没有一定的模样。

坏人做坏事时，总要事先选择好作案的时间，以便能达到目的，不被人发觉，而且易于逃跑。一般来说，坏人绑架拐卖儿童多发生在学生上、下学的途中，中午家中没有家长，以及学生傍晚单独外出玩耍时。而侵犯女生的违法犯罪分子则往往选择在清晨、黄昏或深更半夜，也有时趁白天家中无人，尾随入室。入室盗窃、抢劫等往往选择父母上班时间或白天家中无人时。另外，学生外出旅游时，遭抢劫的现象也时有发生。

坏人作案前，善于伪装。实施不同的侵害，方法也不尽相同。可能以如下方式接近中小学生，并趁其不备加以侵害：

1. 假装遇到困难，向中小学生求助。如：问路、帮助找人、帮忙拿东西等。

2. 谎称孩子的家人受伤、生病住院或者称是家长同事、朋友，有紧急情况，代替其来接孩子。

3. 假装学校教师、警察或其他执法管理人员，声称中小学生违反校规、犯法等，强行带走，进行绑架，或抢劫学生钱财，对女生非礼等。

4. 伪称是推销员、送货员、水电工，修理人员等，要求孩子开门。

5. 故意施以小恩小惠，以糖果、食品、玩具、钱物以及做游戏名义来诱骗中小学生。

6. 请你顺便搭车或带你出去玩等，趁机拐走。

可能以如下方式对女生非礼：

1. 以礼物、钱财等利诱。

2. 冒充警察、执法人员、管理人员等。

3. 佯称遇到困难，请你帮助。

4. 吹嘘可以满足你的愿望，帮你解决一些困难。

5. 谎称带你出去玩或外面有熟人找。

6. 尾随身后，或冒充修理人员、推销员等，要求进入你的住处。

那么，哪些地方容易隐藏危险呢？在现代社会生活中，一般说来，没有绝对危险的地方。但一些场所由于所处的位置，以及一些人不具备安全意识，随意涉足就往往为犯罪分子利用，对他人实施侵害。

1. 女生宿舍、浴室等。

2. 暗巷、荒凉的捷径小道、野外，偏远人稀的公园、河堤。

3. 昏暗的地下通道、空屋，无人管理的公共厕所、电梯等。

4. 电影院、歌厅、舞厅、游戏厅。

5. 人多拥挤的复杂场所和公共交通车辆上。

在这一点上，广大的中小学生应该谨记，"多一分防范，少一分危险"的原则。俗话说"防病胜于求医"。中小学生自身应当具备安全防范意识，只要平时能稍稍留意，坏人侵害的机会就大大减少。

目前社会上还有少数坏人利用一切可乘之机进行犯罪活动。小孩子力量小，社会经验少，往往是坏人瞄准的对象，所以要格外小心。

♥ 迷信活动会害人不浅

迷信与科学背道而行，是麻醉人们的精神鸦片。但是，无论农村还是城镇，风景旅游区或是街头巷尾，迷信活动和迷信宣传，近来都呈蔓延之势。马路上常能看到三五成群的人围着算命先生算命，书店里往往出售"看手相"、"推星座"、"看风水"、"演周易"之类反科学的书刊。

人们都希望预知自己的未来，还希望自己做的事情能得到外力的积极帮助，迷信活动利用的便是这种心理。青少年同学之间有时玩玩"扑克算命"、"看手相"，也是上述心理的反映。"玩"而不"信"算不得"迷信活动"。有的同学怕考试成绩不好，竟去求神问卜；生病、出门也要翻皇历、查吉凶，那就是真正的迷信行为了。

青少年中存在某些迷信思想和行为，多是在人际交往中受成年人（有时包括自己的父母、亲戚）以及社会上的落后、愚昧思想影响的结果。青少年不应受责备，但是作为社会主义时代的中、小学生，你们面对的是人类已经飞向太空的现实和必将征服宇宙的前景，所以必须具有辨别迷信和科学的能力，自觉抵制各种迷信活动。

这其实并不困难，只要用课堂上学到的科学知识去判断人们的思想行为，迷信与科学之间的谁是谁非，是不难辨别的。关键在于必须坚信科学，用科学武装自己的头脑。

其实，对于迷信活动的荒谬，古代不少有识之士早已作过深刻的揭露。明朝文学家徐文长有副对联写得极妙："经忏可超生，难道阎王怕和尚？纸钱能赎命，分明菩萨是赃官！""经忏"指念经、"做法会"等迷信活动，据说人死之后，亲友为死者做"经忏"，"亡魂"就能摆脱"阎王"的管束，得到"超度"；"纸钱"是烧给"亡魂"在"天堂"、"地狱"里使用的，也是对"神"、"佛"的一种贿赂。其实完全没有科学依据。

这副对联用人世的情理加以推断、演绎，一语中的地戳穿了迷信观念的自相矛盾和迷信活动的荒唐。更有意思的是，杭州万松岭下财神殿里有这样一副楹联："我若真灵，也不致灰尘处处堆，皮肉块块落；汝当顿悟，须知道勤俭般般有，懒惰件件无。"楹联作者用"财神"自己的口气告诉人们：只有勤俭才能致富，靠求神拜佛绝对发不了财。

这两副楹联，确实是我们在人际交往中抵制、揭露迷信观念和迷信活动的现成武器。

产生迷信观念和活动的根本原因，是人们对许多自然现象和社会现象不能做出正确解释。而要正确解释这些现象，就必须凭借"科学"这一真正有力的武器了。

青少年朋友在人际交往中抵制、反对迷信观念和迷信活动时，有一点必须注意，这就是要分清正常的宗教活动和迷信活动的区别。

宗教信仰自由，是写进我国宪法里的公民权利，必须予以保证和维护。宪法又规定："任何人不得利用宗教进行破坏社会秩序、损害公民健康、妨碍国家教育制度的活动。"另一方面，无神论者也有宣传科学的自由。我们决不能干预正常的宗教活动，但这并不妨碍我们宣传科学。

正常的宗教活动和骗人的迷信活动的主要区别是：后者以骗财、坑人为目的，以至有意触犯法律，因此连虔诚的教徒都会加以抵制反对的，青少年学生当然更是责无旁贷了。

结交朋友一定要慎重

喜爱结交朋友是中小学生的一个共同特点。这有助于拓宽我们的生活空间，也有益于交往中互相学习、互相帮助、取长补短、增进友谊。可是，万一不慎，与思想品德不好的人结为朋友，则会深受其害，到那时就后悔莫及了。

高一学生刘强的父亲是上海市的一个业余围棋高手，家中藏有许多围棋古谱和好几副珍贵的围棋。

一有空，他父亲就在家中独自摆弄围棋，或者阅读围棋书。生活在这样环境里的王刚，自然深受父亲的熏陶，从小就是一个围棋迷。进入中学之后，他更是以棋会友，校内、校外结交了不少"围棋弟兄"。想不到，恰恰是一个校外结交的棋友蔡某把他"斩了一刀"。

这天秋高气爽，学校放假。刘强在外出途中遇见蔡某。由于久未"手谈"（即下棋），彼此显得十分亲热。蔡某于是邀刘强去某茶室玩一盘棋，过把瘾。

刘强欣然前往。围棋盘刚摆好，蔡某就说："阿拉（上海话，"我"的意思）加点'浇头'，刺激刺激怎么样？"

"什么'浇头'？"刘强不解地问。

蔡某哈哈大笑："'浇头'就是票子；加上'浇头'那才有劲，包你高着多，昏着、漏算少，进步快。"

刘强边摇头边说："不行、不行，我没有钱。"

"不要紧，说不定我输呢！"蔡某话头一转说："这样，我输了付给你钱，你赢了我不要你钱，好吗？"

刘强被他"将"了这么一"军"，觉得不便推辞，只好答应。一局结束，蔡某输了，他果然"信守诺言"，一边付"浇头"一边连连称赞刘强这盘棋下得好："真是士别三日，便当刮目相看哪。不过，要没有票子刺激，你恐怕不会这样认真的，是吗？"

刘强不肯收钱，蔡某执意要付，硬把20元钱塞给了刘强。临别时，蔡某约定刘强下星期天在老地方再较量一番。刘强虽然不大情愿，但转念一想，赢了钱就不来，对方不是会有误会吗！只好勉强应允。

到了下一个星期天，刘强不但输掉了身上的50元，而且连手表也作价抵给了蔡某。其实，前一次蔡某是用的"引诱法"，先"放一马"让刘强尝尝甜头，然后再叫他吃苦头。

类似的例子为数不少，前面我们不是还介绍过女孩子因交友不慎而终遭强暴的例子吗？

那么，怎样防止自己在交友过程中误中坏人圈套或不辨良莠呢？关键是在初次交往时，要注意听其言、观其行，认真识别对方道德品质的好坏。如果觉得对方人品不端，那就不妨"敬而远之"，避免继续往来，即使不得不往来，由于有了警觉，也就不至于发展为"深交"了。

倘若认不准对方情况，则可以从侧面继续了解。一般来说，同班、同级的同学，经常来往的近邻，互相都很熟悉，只要自己有端正的伦理道德标准，明确的是非观念，在上述伙伴中择友，通常是不会选错的。

中小学生应该特别注意的是，交友的范围不宜随便扩大到社会上去。有一句古训是值得牢记的："近朱者赤，近墨者黑。"

❤ 开玩笑也需要讲文明

喜欢开玩笑，对哄闹也颇为热衷，这是中小学生的又一个特点。在正常情况下，同学之间开开玩笑，可以调剂精神，增添欢乐气氛。但是如果开玩笑的方法不当、内容不妥、语言不文明，或者不分对象、不分场合任意取闹，就会适得其反，甚至会产生"破财"伤身的严重后果。

小荣从小就是个"癞痢头"，心里一直为此十分苦闷，所以他一年四季都戴着帽子。大多数同学对小荣都很同情，但也有几个调皮同学例外，他们背后给小荣起了个绰号"电灯泡"。

星期日，学校组织同学看电影。小荣因故晚到了一会儿。"调皮鬼"小王见他姗姗来迟，笑着对另一个同学说："你看，'电灯泡'来了。"

这话让小荣听见了，心里直冒火。他走上前去对准小王脸上就是狠狠一拳，顿时，小王血流满面，鼻梁骨折。此事在同学中间引起很大反响。大家认为，小荣打人固然不对，但小王拿人家生理上的缺陷取笑，则是一种不道德、不文明的行为。

采用"恶作剧"的方式开玩笑也不可取。比如，将小毛虫放到胆小的同学头上或者衣服内；把小老鼠藏在同学书包内或者装在盒子里"送人"；自己躲在隐蔽处，待同学路过时突然大叫一声……

这些"恶作剧"，往往使得胆小的同学因受惊而昏厥致病，引发出耽误学业和经济索赔等后果，严重的还可能导致受惊者死亡。

需要特别提醒同学们注意的是，现在在市场上出售的兵器玩具有杀伤力的越来越多。据调查，仅仿真玩具枪，有杀伤力的就达10多种，从"美式M—16自动步枪"，到"国产五四式手枪"应有尽有。

有的可射出"子弹"，有的可放"炸子"；射程远的达30米左右。由于这些"武器"价格不高，且富有刺激性，加上男孩子爱玩"打仗"游戏，销售量相当大。由此而造成的伤害事件也逐渐增多。

1995年11月3日，上海市动物园内不到2小时就接连发生2起"枪击

事件"：一件是一群中学生各人手持一支仿真手枪，相互追逐射击，口中高喊"冲！杀！"一声"开枪朝头上打！"紧接着，一名穿校服的男学生"哎唷"一声，额头上已中一弹，顿时红肿起来。另一件发生在园内餐厅门口，只听见一位女青年因遭"枪击"而高声尖叫，离她七八米外，有 3 个男学生在笑。女青年上前评理，一名男学生说："对不起，打错人了。"

1995 年 12 月 24 日下午，南京中华门六角井的一名张姓小学生，右眼被邻居孩子用玩具气压枪击伤。经医生检查，伤者右眼球结膜下大片出血，视力下降。

这些血的教训告诫我们，开玩笑可不能不讲安全呀！

千万不能与同学殴斗

广大的中小学生自制力较差，容易在冲动的情况下，和同学发生斗殴事件。小强是初中三年级的学生，面临着初中升高中繁重的课业任务，每日总是埋头于书本中，希望能通过努力，考取一所比较理想的高中。

一天下午，和往常一样，小强上完最后一节课，骑车回家，刚出校门不远，就碰上几个男孩拦住了去路。

"站住，还认识我吗?"一个个子不高，打扮得有点流里流气的男孩对小强喝道。

小强一愣，一时怎么也想不出来他的名字，却又觉得面熟。

"记不起来了，我可是始终没忘记你。上一年级时，你和班里别人一伙，总是嘲弄我，有一次还打了我，今天就是要报这个仇。"

小男孩一挥手，另几个人一拥而上，对小强拳打脚踢，直到小强昏倒过去，几个男孩才跑开。

经医生诊断，小强身体多处受伤，于是在家休息了好几天，影响了学习。想到这些，小强悔恨交加。

一般说来，殴斗是最易避免又极易发生的。双方由于情绪都比较激动，或某一方出现不理智的行为，往往就大打出手，后果不堪设想，而引发的原因可能就是一些不值一提的小事。因此，平时注意养成良好习惯，培养优秀的个人品德和健康的心理素质是十分重要的。

1. 为人处世要正直、诚恳，不要揭发他人的隐私，以免招人忌恨，伺机报复。

2. 凡事多为他人着想，不能只从自己的角度想事情、做事情。

3. 当与他人有矛盾时，要主动疏导缓解紧张关系，应"和为贵"，以较高的姿态，主动讲和或检查一下自己行为的不妥之处；即使有理也要先把矛盾缓解下来，等对方心平气和后再细论对错。

4. 双方矛盾无法自己调解时，可以请老师、家长、朋友出面进行调解。

5. 不要过分强调与某人或某几人要好，排斥他人。

6. 受到他人无理嘲笑、批评或谩骂时，要心胸豁达，能忍耐。切忌情绪激动，过分生气而失去理智，与人发生争吵。

7. 路上遇到不良少年打架斗殴或无事生非时，不要围观看热闹。应该尽快离开现场，并且打110报警电话报案，或请老师进行处理。

8. 遇到流氓不讲理以及酗酒的人，要尽量避开。不要和这种人正面冲突，以防殴斗、伤害的发生。

9. 在校内或学校附近，如果发现同学之间或同学与社会上的人打架，应立即报告老师。

10. 交朋友要慎重，不要参加任何帮派组织。

11. 不要深夜在外面游荡。

12. 在公共场所要讲究社会公德，不可旁若无人地高声讲话、嬉闹，以免引起他人反感而导致争吵殴斗。

13. 不出入电子游戏机室、地下舞厅、酒吧、台球室等场所，以免引火烧身。

不轻易到别人家里去

同学之间相互来往，你到我家来玩玩，我到你家去做作业，这是常有的事。可是，在现实生活中，却发生过有的学生到同学或者他人家去，遭到主人家的宠物（如狗、猫）伤害，甚至遭到主人侮辱、杀害的事情，前面举过的有些案例就属于此类事实。这就不能不引起大家的警惕了。我们提醒广大青少年同学不要轻易到别人家里去，这不仅是为了自身安全，也

是讲文明礼貌的一种表现。

至于纯粹从安全考虑，那么有 6 种人的家中是特别不应该去的：陌生人的家里、初结识者的家里、思想品德不好的同学家里、曾经被公安机关打击处理过而现实表现又不好的人的家里、单身汉或单身在家者的家里、养有狗、猫等宠物的人的家里。

广大的中学生，尤其是高中生还应该注意一点，那就是不要轻易到异性同学的家里去。因为轻易到别人的家里不但容易受到不必要的伤害，还会让家长和别人误会你们在早恋。

当然，真的早恋就更加不应该了。家长和学校应当创造条件，鼓励青少年之间开展正常的交往，以打破对异性的神秘感，增进相互之间的了解。但是，青少年之间的早恋行为却是有害无益的。

早恋是指未成年男女建立恋爱关系的行为。我国婚姻法规定："结婚年龄，男不得早于 22 周岁，女不得早于 20 周岁。晚婚晚育应予鼓励。"从法律规定来看，如果开始恋爱的时间比法定的结婚年龄早得多（比如说从十七八岁甚至更早就开始），那么便属于早恋行为。从社会实践角度看，早恋给青少年带来的害处是很多的。

1. 影响前途。中学时代是人的一生中学习知识技能，养成良好素质的黄金时代。在这个阶段早恋会分散精力、浪费光阴、贻误学习，乃至对一生造成负面影响。

2. 早恋的成功概率很小。早恋者年龄还小，思想不成熟，又缺乏社会阅历，往往把婚姻恋爱问题看得过于简单。他们常常只凭一时的感情冲动而海誓山盟，但随着时间的推移，双方的关系又会疏远起来。留下的是太多的不必要的遗憾甚至心灵创伤。

3. 有害健康。青少年自制能力差，一旦陷入早恋，会引起情绪的强烈波动，有时甚至导致发生性行为，这对女孩的身心健康的损害往往更大。

4. 上当受骗。青少年容易把别人的虚情假意误认为真情实意，以致受骗失身，甚至造成更为严重的后果。

5. 导致犯罪。青少年没有独立的经济收入，而恋爱活动往往需要大量的经济支出。一些意志薄弱的青少年误以为恋爱就要讲排场，就要和社会上那些红男绿女一样赶时髦，而自己的"隐秘"又不敢让家长知道，为了向对方显示"爱的真挚"就挖空心思"找经济支持"。还有一些早恋的中学生则在不良社会风气的影响下发展到争风吃醋，拉帮结派，打架斗殴，严重扰乱学校的正常教学秩序和社会秩序。

当老师或家长发现学生（子女）有早恋行为时，首先要弄清情况，分析原因，再给他们讲清道理，做深入细致的思想工作，采取疏导的方式，晓之以理，动之以情。实践证明，只有这样，才能收到实效。

♥学校及家长注意事项

广大的中小学生在人际交往中的自我保护能力的提高，还需要学校和家长的帮助、指导。

在提高中小学生自我保护方面，学校应该做的事情有很多。比如，教师可通过课外活动、讲座和参观等多种方式向学生传授必要的安全防范知识，使学生懂得如何进行自我安全防范。还应注意做到：

1. 熟知学生的家庭情况，如家长姓名、住址、单位、电话等，以便有事联络。

2. 当非家长来校接学生时，一定要与家长取得联系，问明情况后再行决定，是否让其接走。

3. 如果接到电话要提早接走学生，要证实其身份。如可询问对方学生的基本情况：例如所在年级、班次、老师姓名，甚至可问几个同班同学的姓名等，以便证实。

4. 对无事逗留在校园内的人员，要上前盘问情况，请其离开，对欲滋事的，可报警处理。

5. 老师要定期家访，了解学生的性格、家庭背景，尤其对经济状况特别好或者不完整家庭的学生更应做到这点。

6. 应与学生家长经常保持联系，介绍学生在校表现。

7. 对学生在校情况要勤观察、每天行踪要掌握，对没来校上课或突然离校的学生，要查明其去向，并及时与家长取得联系。

8. 为加强学生自防意识，可以组织上下学同路的学生组成小组互相照应，一起上下学。

在提高中小学生在人际交往中的自我保护能力方面，家长也应该积极予以指导和帮助。家庭是孩子的第一课堂，家长与子女是最亲近的，家长对未成年子女负有重要的监护责任，维护子女安全是本分，是当然的职责。为保证子女的安全，家长应注意做到：

1. 充分了解子女的性格、爱好、熟知子女的上下学时间和路途。

2. 熟记子女经常涉足的游戏、读书、购物地点，尽可能了解子女经常联络的人及电话号码。

3. 善于与子女沟通、交流。对子女在校情况、交友情况以及每日心情等要有所了解。

4. 帮助子女养成外出办事、游玩告知家长去向、时间的习惯。不轻易允许孩子在外留宿。

5. 经常与学校老师保持联系，了解子女在校表现。

6. 教育子女不要与陌生人接触和交谈，不接受陌生人送的礼物。

7. 一些儿童特别是10岁以下的小孩单纯幼稚、缺乏辨别能力，很容易上当受骗。所以不要单独将他们留在家中或将家中钥匙交给他们。

8. 不向外人泄露家中的作息习惯、经济状况等。

9. 家中安上防盗门、"猫眼"和设置有金属链的暗锁都是防止盗窃犯强行闯入的一种有效措施。

如何在青春期规避性伤害

♥ 尴尬的青少年性教育

当前，我国广大的中小学生之所以不能在青春期正确地认识性，绝大部分原因都在家长和老师的身上。

在中国深重的礼教文化影响下，父母一直把青少年的性教育当做一个隐讳的话题，其实"性教育"并不是指狭义的性行为教育，而是一种人格教育。良好的性启蒙教育对孩子人格的成长和身心健康发展都是极为重要的。现在父母最不能接受的是孩子与异性交往，一旦发现马上如临大敌，一味地压制、批评甚至责骂。

曾经有一个女孩子，因为跟男孩子玩，被爸爸说成是"下流"。对此，这个女孩子十分气愤，并发出了"凭什么我们女孩子就不能跟男孩子玩？"的质问。

这个女孩的问题立刻在网上引起了一番风波，孩子们就这个问题展开了激烈的讨论。有的说："你爸没病吧！怎么可以说自己的女儿下流呢？"有的说："有这样的爸爸还不如不要。"还有的孩子说："你爸爸怎么那么土啊！冒昧地问一句：你爸爸是不是有点那个？"

孩子的观点不禁让父母们恍然大悟，其实对于青春期有逆反心理的孩子，这种粗鲁的干涉不仅无济于事，相反还会将他们推向早恋。父母对孩子异性交往的压制和打击，还会扭曲孩子对美好情感的认识。

在一个情窦初开的少年人心中，对异性的朦胧的感觉是非常美好的，他们会非常珍惜那种感觉。可是父母的态度会让他们误认为自己心中美好的，甚至可以用生命去换取的情感，竟然是肮脏、丑陋、被人嘲笑、受到诅咒的东西，这种对情感的错误引导，会影响孩子成年以后对爱情、对异性情感的信任，甚至会影响他整个婚姻和家庭生活。

在现实中，也总有这样的现象，孩子与同学约好一起出去玩，出去前或者回来后父母都会问"都与谁一起出去了?""男生多，还是女生多?"，如果万一孩子在家里接到了异性的电话，父母定要问个水落石出，一系列的诸如"他是谁?""学习怎么样?"的问题定会将孩子轰炸的晕头转向。本来孩子与同学一起出去玩，父母问一下本无可厚非，但是如果定要像审问般的审问孩子，不禁让孩子内心产生逆反心理，而且在心理上也不利于孩子发育。

一个叫小志的男孩，他曾经是个快乐、活泼的孩子，但是有一段时间他总是愁眉苦脸，痛苦不堪。他的老师和同学都发现他近来心情不佳，但无论谁向他询问，他都简单的回答："没事。"对于他愁苦的原因，坚决闭口不谈。

原来，3个月前，他得了一种怪病。那是一个普通的夜晚，睡梦朦胧中，他和一个他暗中喜欢的女孩子说了几句话，第二天起床，竟发现自己内裤湿了一大片。他以为自己由于饮水过多而尿床，但检查床铺竟一点也没湿，他觉得十分奇怪。

这样，他不敢问老师，怕传出去成为别人的话柄。在内心的惴惴不安之中，慢慢地过了半个月，这个现象竟又出现了一次。他害怕了，难道自己得了什么怪病？以后每隔半个月左右，这"怪病"就发作一次，使他极度的惶恐不安。不敢跟父母说，况且父母也很忙，很少过问他的情况，他的情绪变化父母一点也觉察不出来，也不好意思问老师、同学。

这周期性发作的究竟是什么病呢？他想去医院治疗，但又怕医生登记下他的姓名学校，把消息传回学校那还得了？没办法，他只得求助于那些在街头墙上，电线杆上贴满广告的江湖医生。按地址寻到那些低级旅店的小房间里，"医生"听完他的病情叙述，立即大惊失色的说："你得了这种病，最多3年命，这是一种致命的，比癌症更可怕的病呀!"

吓得他连忙哀求："好医生，请你救救我!""医生"长叹一声，做出无可奈何的样子："这样棘手的病，我本来不想收治，看在你那样诚心求我的分上，就救你一命吧！算你走运，投到我名下来。这种病，只我一人会治，其他任何医生都是治不好的。好吧，本来药费至少3000，看你是学生，就只收你1000元算了。不过，你不能把这数目告诉别人，以免别人也求我只按这低价收款，令我难做。"

小志感恩不尽，千谢万谢出了小店。可为筹这治"病"的1000元，使他几乎走上犯罪的道路，要不是他细心的老师循循善诱问出真情，真不知这后果如何。

其实，青少年在身体发育的同时，也需要心理的发展，况且在当前发达的媒体影响下，广大的中小学生可能有很多的途径得知性知识，但是可能这种知识的获得只是一知半解的，从而引发了孩子对性的好奇，而父母对孩子异性交往的压制和打击，不仅不会对孩子起到正面的教育，而且还会起到反面的作用。所以在众多影视作品的影响，孩子已经了解到一些性知识的情况下，父母不妨与孩子坦诚布公，用适当的方法讲解性知识。

父母对子女进行性教育，如果方法掌握得当，不仅使孩子了解科学的性知识和保证孩子性心理的健康发展，还可以使亲子之间建立起良好、亲密和相互信任的平等关系。比如，小孩子可能会向父母提问，自己是从哪里来的？一些父母可能会敷衍孩子说："外面拣来的"、"从树上掉下来的"，这些回答是不科学的，容易使孩子产生对父母的不信任感。

正确的态度应该是严肃对待孩子的提问，可以回答说："小孩是从妈妈的肚子里生出来的，妈妈有生孩子的道路，小孩只要走过这条道路就生出来了。"这样回答符合孩子的思路。

对于稍微大一点的孩子，父母也可以先反问孩子："你自己是怎么想的？"一边让孩子讲述，一边考虑回答孩子的问题，这样才能做到有的放矢，不至于慌乱。若孩子所说的观点基本正确，你只要说："你说得有道理"就可以了。

总之，回答孩子的问题，必须是科学的，孩子容易接受的。面对孩子的一些问题，父母可以根据孩子的年龄、智力来回答。既不能太深奥、太细致，也不能过于简单，关键是不要让孩子感到好奇。

同时，性教育不仅仅指性知识的传播，还应包括父母的身教作用，不

要给孩子制造神秘感。在性教育时，也要注意孩子的年龄和生理发育阶段，也要有顺序和时间场合。父母平时要多观察，留心孩子的情况，注意掌握恰当的时机。无论孩子出现什么奇特的性反应和性现象，父母都不能责罚和打骂、打击、挖苦和疏远他们，因为这是最笨也是效果最差的办法，而且还容易对孩子成年以后的性心理造成不良影响。

总之，面对孩子生理、心智的逐渐走向成熟，父母应该高兴，并乐于与其分享成长的秘密，而孩子对两性知识的朦胧认知，更是父母应该关注的重点，对于孩子对异性的喜欢，或者对性知识表现出的好奇，父母不应该盲目的压制，而是用大禹治水般的智慧，慢慢疏导，如此，孩子定会健康的成长。

❤ 认识性需向父母求助

现代青少年与30年前的青少年相比，进入青春期的年龄提前了1.5 ~ 2年。在中学中常常可以看到一些小小年纪、满脸稚气的孩子却长得人高马大，与之相随的生理发育和心理萌动也提前到来。

根据心理发展规律，小孩子从三四岁起就对两性有了认识，但是此时他们只不过是对有些问题感兴趣，比如"我从哪里来？"等，而青少年则不同，随着传媒等发展，他们对性已经有了一知半解的认识，所以大家在产生了有关性方面的疑问时，一定要向家长求助。

一个青春期女孩每日惴惴不安，父母也不知道发生了什么事情，有一天这个女孩终于鼓起勇气去问母亲："男孩子拉了女孩子的手，会出事吗？男孩子坐过的凳子，女孩子坐了不要紧吧？"

这样母亲才知道孩子长大了，开始到了要了解性知识的年纪了。于是，她没有直接回答孩子的问题，反而问她："你认为会出什么事，有什么要紧？"

"就是怀孕呀。"原来，她一直担心这个。这位母亲不禁在心里莞尔，笑着回答她说："不会。怀孕是很复杂的事情，拉拉手，坐坐位子，是没有关系的。"

听了妈妈的话，女儿像是放下了一个大包袱："噢，太好了！真后悔没有早点问你，害得我担心了好久。"自那以后，关于生理卫生方面的问题她都会和家长坦诚交流。

家长在向中小学生传授性知识的时候，应该注意掌握分寸和方法。目前很多的家庭都对性讳莫如深，并且不断呼吁要净化环境，杜绝一切可能对孩子造成不良影响的事物，同时也杜绝了孩子接触任何与性有关的事情，部分父母还认为青少年没有必要了解性知识，等他们长大了，自然就会了解。

另外，一部分人认为性是污秽的、下流的，接触不得，否则就会变坏。在这种观念的支配下，父母给孩子造成了性很神秘的印象，从而更加激发了孩子对性的兴趣。

究竟要怎样与还处在青春期的孩子谈起性问题，是一个技巧问题，其中有一位母亲做得就特别好。有一位母亲，女儿14岁了，她意识到要对孩子进行必要的性教育，以告诉女儿要学会保护自己，于是她买了一套性教育光碟，它通过有趣的动画片的形式，讲授了月经、怀孕、生育、使用安全套、预防艾滋病等系统的性知识。

但是，光碟买来之后，母亲又一直在犹豫要不要给女儿看，担心一下子给她灌输这么多也许她还没有想到的知识，会产生副作用。琢磨了好些日子，终于想通了：迟看不如早看。早看了，可以消除孩子对性的不必要的好奇，免得她进入青春期后思想不集中。

于是母亲对女儿说："你14岁了，以后你的身体里会出现许多你不了解的变化。妈妈今天和你一起看一张光碟，它会让你对人的身体、对男女之间的性知识有一个系统的了解，这样你才能更好地保护自己、爱惜自己的身体，注意健康和卫生。"

一边看，母亲一边把她不懂的地方，结合画面给她讲解。看片的过程，成了她们母女共同讨论性知识的一堂科普课，轻松愉快，半点没有两代人观摩性教育片的尴尬。

看罢光碟，母亲问女儿是否理解和接受片中的内容。没想到她不以为然地说："这有什么不好理解的，有些我早就知道了，只不过有些东西了解得没这么清楚。"看到妈妈吃惊的样子，她说："妈妈，现在都什么年代了，那么多的电影、电视、报纸、杂志都讲性知识，就是我不想看、不想听，

也不行呀。像电视里的《动物世界》，还拍动物交配的过程呢。"显然，女儿知道的事情，大大超出了父母的意料。不过，女儿还是说她很感谢母亲和她一起观看、讨论性教育片，让她弄清了很多过去一知半解的事情。她会学会保护自己，养成良好的卫生习惯的。

在我国，处于青春期的青少年达 3 亿以上，每年都由数千万人进入性成熟期，大部分孩子对科学的性知识了解不多，对性的认识一鳞半爪。性教育应该包括性生理、性心理、性道德等内容，而我国中小学性教育的内容主要在生理解剖方面。在现实生活中，这远远满足不了中学生对性知识的需求。

所以作为孩子成长过程中最有影响、最为亲密的成年人的父母，应该承担起孩子青春期性教育的责任，要及时与孩子沟通，打破性的神秘以及孩子对性的好奇。可以告诉孩子，性是人的一种正常生理需要，就好比人要吃饭一样，应该坦然对待，用不着搞得很神秘。这就像一层糊窗纸一样，捅破了也就没有什么了。父母可以参照以下方法：

基本的性知识应该讲要科学地进行解释，不能信口雌黄，传达不正确的信息，误导孩子。

利用书籍媒体，采取灵活方式利用一些适合孩子年龄特点的图书等来帮他们理解性问题。现在的中学生比较容易接触到有关性内容的电视节目、书刊等，趁这个时候，可以把男女的生殖系统、生理特点等跟他们做介绍，还要让他们了解避孕的措施，以免未婚先孕。自然地利用生活中一些日常现象适时地谈性。

态度要轻松、坦然孩子因好奇而询问这方面问题时，要大大方方地回答他们，不要遮遮掩掩、支支吾吾。不用刻意正襟危坐。

如果孩子有什么问题要问，家长应该尽量实话实说。把性道德、性法制观念和性知识教育结合起来告诉他们触犯法律的性犯罪、性骚扰是不能做的，使孩子形成自我约束能力，健康发展。

如何避免偷吃"禁果"

近来，未成年少女生孩子的报道不断见诸报端，而且近年来到医院做人流的未婚少女明显增多，其中有不少为中学生。

据某医院的妇产科医生介绍，在她接诊的人流手术中，有 22.2% 的女孩是 18 岁以下的，并且这个年龄做手术的孩子每年以 1% ~ 2% 的速度递增。虽然她们到医院要求做人流时都尽力隐瞒自己的身份，但从她们的年龄和举止上看，显然是还在学校就读的中学生。在其他几家医院这种情况也得到了印证。

可见中学生过早的性行为，已经是一个棘手的社会问题，应该引起社会各界的高度重视。另外，由于传媒的发展，淫秽电影、图画等也渐渐进入了中学生的视野，诱发了青少年过早性行为现象的出现。

据说目前在中学生中流行一种 ABCDE 说法，其中 A 为接吻，B 为爱抚，C 为性行为，D 为怀孕，E 为堕胎。有些学生不同程度尝试过 A 和 B。许多少男少女由于受到社会环境和流行文化的影响，视恋爱乃至偷吃禁果为酷，极容易产生尝试性行为的强烈欲望。

"勇敢"地偷吃禁果后，却无法面对导致的后果，不少少女因此走上歧途甚至绝路。并且令人担忧的是，这种情况还有日渐增多的趋势。为此，有专家建议全社会都要重视中学生过早的性行为现象，把避孕常识引入课堂，从源头上减少学生因偷吃禁果而带来的身心痛苦。为此，从广大的中小学生，尤其是中学女生，应该认识到以下几点：

1. 认清过早的性行为对身体的危害。过早的性行为，对身体发育极为不利，特别是女孩子。18 岁以下的少女由于生殖系统中的子宫、阴道等发育尚不完全，做人工流产，有可能出现各种并发症，如引起大出血、子宫穿孔、感染等，多次人流还可能引起生育困难、不孕、失去生育能力等。

2. 加强自我的道德教育。广大的中小学生一定要认识到，目前你的社会角色是学生，社会职责是学知识、长身体，过早的性行为是不道德的表现，对自己，对他人都是错误的。

3. 远离社会丑恶现象。现在中学生的好奇心强，生理发育较早，是非观尚未定型，很容易受到社会上各种不良风气和丑恶现象的诱惑。为了防止这方面的侵害，广大的中小学生应该自觉避开来自社会的不良诱因，包括黄色书籍、音像制品等。

4. 避免发生早恋。早恋往往蕴含着失身或失足的危险，由于青少年学生情感好冲动，自制能力又有限，在伦理道德的判断上还很不成熟。因此，在这种情况下谈恋爱很容易发生意想不到的出格行为。青少年学生谈恋爱的成功率几乎为零，如果出现失足后会给今后的身体和心理带来严重的危害。

5. 是针对家长和学校而言的。父母要配合学校，在中学普及避孕常识教育。尽管这个问题各界尚有争论，但种种事实表明，在中学生中普及避孕常识是非常必要的，至少是防止意外怀孕，以及预防性病、艾滋病的一项关键措施。事实上，许多发达国家早就把避孕常识教育作为中学生的一门必修课了。

6. 也是针对家长而言的。广大的家长应该对中小学生循循善诱。香港著名的性学家吴敏伦博士，在他家里看到许多有关性的资料和录像带，而且都不避孩子。笔者问他："如果被孩子看到了，会有不好的影响吗?"他回答说："他们从小就接触这些东西，自然得很，不以为怪，对此也没什么特别的兴趣。"吴敏伦博士有 2 个孩子，那时都只有十二三岁，在学校里品学兼优，现在都已事业有成，是父母的骄傲。

当然，性学家的家庭情况与一般人的有所不同，但有一点应该肯定，性是绝对自然的事情，如果以自然的态度对待它，孩子就会健康发展；如果遮遮掩掩、神秘兮兮，反会弄巧成拙。清代末年的革命家、思想家谭嗣同曾经说过，对待性，就像"藏物于箧"，"人愈不得见而愈想见"，干脆把这箱子打开，也就没什么大惊小怪了。

我们并不提倡让孩子过早地懂得性问题，如果他们了解得早了一些，也没什么可怕。父母的态度起了决定的作用，这种态度的正确与否决定了孩子性心理的发展方向。父母应该知道，在"真空"中长大的孩子是没有抵抗力的，在性问题上也是一样，不要妄想把孩子关在"真空"里，净化环境固然重要，增强孩子的鉴别力、抵抗力更为重要。当孩子接触到性问题时，父母应以科学的知识引导孩子，使孩子既自然又严肃地认识性，这才是对待性心理早熟的正确态度。

此外，一旦孩子有了性行为，父母切不可粗暴解决，这方面悲剧性的前车之鉴不乏其例。此时犯了错的青少年极为脆弱，如果社会和家庭给予的只是谴责和惩罚，极容易将事态极端化，甚至造成孩子的轻生。所以当事人的家长，必须保持理智，配合学校及社会各方，妥善解决问题。

事实上，青春期的性教育问题是一个非常常见的问题，父母没有必要讳莫如深，因为父母不同的处理方法将导致截然不同的结果。

青春期性伤害的恶果

根据调查研究，中小学生受到性伤害的地方，往往是孩子比较熟悉的地方，家、学校、同伴、邻居等最亲近的地方正在成为青少年性侵犯的"危险地带"。其中，许多青少年遭受性侵害的过程，并不一定是被"暴力"占有，许多是被"温柔"吸引。因为，对于周围的熟人，诸如老师、同学、邻居等，青少年缺乏一种自身免疫力，这些人往往充分利用了青少年的信任和崇拜进行伤害，这也是青少年受到性侵害最令人痛心的地方。

同时，也正因为性侵害披了五彩的"外衣"，往往使青少年感到一种背叛的困惑，觉得是自己的错，因为一开始没有强烈地拒绝，或自己因为生理的愉悦而有罪恶感。即使青少年感觉到那是不对的游戏，但当侵害者说这没什么时，青少年也只有顺从了。

近些年，无论是见诸报端还是耳闻目睹的家庭内儿童性侵害的事件常有发生。来自青少年法援助与研究中心的一份调查显示，近一半的儿童性侵害来自于家庭内部。这些性侵害多发生在女性孩子身上，这些孩子从四五岁一直到十七八岁，情况背景各有不同，但都有着一个非常相似的共性——受侵害的儿童多发生在家庭结构骤变或家庭环境不和谐的家庭当中，继父对继女、养父对养女、甚至是亲生父亲对亲生女……

另外，学校也成为青少年遭受性侵害的重要地点。学校，神圣的地方，然而，近两三年来，屡屡发生在校园内的性骚扰、性猥亵、性侵害等恶性事件，让父母们不得不多了一份担心。广州市某中学教师李某，利用担任初一年级数学老师的便利条件，以补课、改错题为由，先后对 16 名女学生伸出淫荡之手。令人难以置信的是，受辱女生在长达 6 年的时间里，竟个个当了"沉默的羔羊"。

青少年时代受到侵害，会对一生产生重要影响，而因为受害者的年龄不同，影响的大小和方式都不同。成人被性侵害后，如遇到露阴癖、接到猥亵电话、被偷窥、被言词骚扰等，可能造成暂时性的情绪不稳定。

可对于经历严重性侵害的儿童来说，所遭受到的就不只是身体上的伤害，即使犯罪分子受到严惩，也无法抹去深刻在他们心理和精神上的创伤。很小的女孩，比如五六岁以下的女孩，因为不懂事，受到猥亵和性骚扰往往并不知道这是"坏事"，除非身体有疼痛。但是实际上，侵害已经影响到了她们的心理和性格发展，到青春期后，问题就会出现，造成恐惧症等心理障碍。

11岁以下的女孩会隐约知道这是不好的事情，但是当时也没有很大的影响，而是到青春期后，影响才得以出现。对12岁以上的青少年女孩，影响则直接而强烈，创伤当时就会产生巨大的影响。

来自西方的研究表明，遭受性侵犯的孩子在相当长的时间里，会不同程度地表现出一系列精神症状，比如：恐惧、焦虑、抑郁、暴食或厌食、不喜欢自己的身体、对身体有异样感、低自尊、行为退缩、攻击性行为、注意力不集中、药物滥用、自杀或企图自杀。如果没有得到足够的帮助，成年后多会在人际关系方面遇到困难，难以与人建立亲密关系，有人还会多次受害。

一般来说，青春期女孩子受到严重性侵害后的几个星期是急性期，受害者的消极情绪反映非常大，恐惧、愤怒、羞耻、自责、自卑等，有些受害者会哭泣不止，但是也有一些受害者努力压抑这些情绪，则会表现为麻木冷漠、行为呆滞迟缓。

恐惧是最常见的情绪，害怕怀孕、害怕被歧视、害怕黑夜、害怕出门、害怕一切能令她联想到那个可怕的时刻的事物。

另外，自责也是常见的情绪，她们会呆坐着，反复去想，"如果那一天我不出门就好了，为什么我要那么晚出去"、"我本来有机会逃掉的，但是为什么那么傻"，她们常常会把不该自己承担的责任也放在自己身上。还有一种现象叫做"闪回"，受害时的情景会一次次在她们眼前出现，就如同电影中的镜头一样清晰。她们感觉就像是又回到了那个可怕的时刻。

急性期后是重组期，这段时期她们的情绪虽然不再那么激烈，但是遗留下来的心理问题却越埋越深。首先是她们有一种根深蒂固的不安全感，有的人会从此谨小慎微，把自己的生活圈子变得很小，性格也越来越孤僻和冷漠。其次她们对人的信任也大大丧失，特别是对男性很难再有足够的信任感。有的女性会因此不愿意和男性交往，从而严重影响她的人际关系，影响其未来的恋爱和婚姻生活。也有的女性反而会从此放荡不羁，有些甚至成为非法犯罪者，表面上看这些女性是品行不端，但是实际上她们是因为心理受到创伤才会如此，内心是十分可怜的。

其实，对于广大的青少年学生来说，从小受到伤害已经成为她一生最剧烈的痛。通过研究孩子遭受侵害的与家庭关系有一定的联系，通常情况下，成员之间感情不好、沟通模式不健全的家庭，孩子更容易受伤害。因为家里缺少爱和理解，孩子才更容易向外界索取，别人稍微对她好一些，她就会轻信别人。由于沟通模式不健全，孩子很少将外面的信息反馈给家人，比如，有人邀请她单独到偏僻的地方，如果她告诉家里人，家人很容易就判断出是否有危险了，甚至由于沟通不良，女孩子受了性伤害也都不敢和父母说。

正确防范异性的骚扰

所谓异性骚扰，又简称为性骚扰，是指在学习、工作和日常生活中，个体受到除了恋人或配偶以外的其他异性对自己的某种性要求或轻度的性损害。

一般说来，女性较之男性更容易受到异性的骚扰，这是由男性和女性在生理条件、心理特征和社会地位等诸方面所存在的差异决定的。青少年在社会上往往会成为坏人进行违法犯罪活动的对象，女同学更容易被一些非法之徒侵害。

因此，更需要引起高度警惕。要懂得，自己的身体任何人都无权抚摸或伤害。受到侵犯时应向你信赖的成年人和警察求助，有效地保护自己。遇到有人试图非礼的时候，千万不能胆怯、畏惧，要理直气壮、义正辞严地斥责他们，在气势上把他们镇住、吓跑；或者摆脱他们，返回学校求助老师。对个别动手动脚的非礼行为，要大声喊叫，求助路人，借助群众的力量，制止坏人继续作恶。

一般来说，异性骚扰容易发生的地方主要有以下几个地点：

1. 住人较少的学生宿舍。

2. 狭窄幽静、灯光昏暗的胡同和地下通道。

3. 无人管理的公共厕所，高楼内的电梯，无人使用的空屋。

4. 夜晚的电影院、歌厅、舞厅、游戏厅、台球厅等。

5. 公共交通车辆上，在人多拥挤、起步、停车、急刹车的时候。

6. 在搭乘的陌生的车辆上。

如果有些同学，不幸碰到异性骚扰时，应该怎么办呢？

1. 外出时的环境选择。应了解当时当地的环境，尽量在安全路线行走，避开荒僻和陌生的地方。

2. 在公共汽车内，遭遇故意抚摸或擦撞时的处理技巧：千万不要退缩或不好意思，应该大声喊道："拿开你的手!"，引起公众的注意，使侵犯者知难而退。情况严重时，告诉司机协助报警。

3. 晚上女孩外出时，应结伴而行。衣着不可过露，不要过于打扮，切忌轻浮张扬。

4. 外出时要注意周围动静，不要和陌生人搭腔，如有人盯梢或纠缠，尽快向大庭广众之处靠近，必要时可呼叫。

5. 外出后随时与家长联系，未得家长许可，不可在别人家夜宿。

6. 应该避免单独和男子在家里或是宁静、封闭的环境中会面，尤其是不要轻易到男子的家里去。

7. 在外不可随便享用陌生人给的饮料或食品，谨防有麻醉药物；拒绝男士提供的色情影视录像和书刊图片，预防其图谋不轨。

8. 独自在家，注意关门，拒绝陌生人进屋。对自称是警察、某部门人员、水电气暖的修理人员、推销人员、服务维修人员等，也告知他等家长回来再说。

9. 注意识别编造的事由。有时坏人谎称他有什么困难，需要你帮助解决，利用你的同情心，使你放松戒备，千万不可相信。

10. 拒绝物质利益的引诱。有时坏人利用你的虚荣、贪财心理，送你礼品和钱物，用小恩小惠使你渐渐地钻入他的圈套。一定不要随便接受他人的物品。

11. 晚上单独在家睡觉，如果觉得屋里有响声，发觉有陌生人进入室内，不要束手无策，更不要钻到被窝里蒙着头，应果断开灯尖叫求救。

遇到这些情况，脑子里要多问几个为什么，多想想老师和家长的教导，脑子清醒些，以免上当，受到不法行为侵害。

广大的女同学除了做到以上 11 点之外，还应该增强自己的自卫能力。要增强自卫能力，就要从以下 5 点做起。

1. 超前的防范意识。未成年少女柔弱、娇小，最容易成为犯罪分子攻击的对象，所以必须有强烈的自我防卫意识。

未成年少女体力有限，社会经验较少，不要轻信陌生人的许诺。对熟悉的男性也应保持交往距离，掌握活动的合适地点和方式。

一般来说，使自己置身于受保护的环境中，避免与陌生男子单独接触，使自己不要脱离家庭、学校和社会的保护，就不致造成不幸事件的发生。

2. 冷静的分析能力。如果你的同学朋友中有的特别爱谈"性"，要疏远他。

有的男教师要单独留你或约你去他家，请慎重思考，一般应有伙伴同去为好。

陌生男人问路并请你带路，最好不要去。

陌生男人敲门，无论什么急事、好事，都不要开门，等大人回来再说。

3. 灵敏的反应能力。这里有一个案例可具体说明：一个女孩下自习后，被某男子追踪。途中她装作若无其事，还假装与他谈得来。该男子要领她去公园亲热，她说今晚有雷雨，明晚再来陪他"玩"。犯罪人信以为真，把她送回"家"（别处的一座单元楼）。次日，女孩带公安人员将犯罪人抓获。

4. 顽强的忍耐能力。要想达到自我保护和防卫成功的目的，必须具备顽强的忍耐能力，绝不能由于肉体、精神受到伤害而失去反抗的信心。

如果女孩子具有极强的忍受严重伤害和痛苦的能力，就会给犯罪人精神上造成巨大压力，行为上造成诸多障碍，使犯罪目的难以得逞。万一遇到坏人，应立即报案。

5. 顽强的防卫能力。呼救，这是所有女孩子都会做的。放开喉咙尖叫，一是表示反抗，二是呼吁救助。

万一陷入困境时，应竭尽全力还击歹徒。自己的头、肩、肘、手、胯、膝、脚都可以成为攻击对方的武器。要设法击中歹徒的身体要害，如踢他

的下腹部，会使其疼痛难忍，放弃自己罪恶的行径；也可以不失时机地咬他。

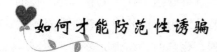

如何才能防范性诱骗

青少年受到性侵害多数是在她所熟悉的环境中，由于对邻居、朋友、熟人等的熟悉，在交往中就降低了警戒性，从而遭受了诱骗。

女孩子从开始发育起体态等都会发生变化，越来越有女性特征。可是这个年纪的孩子心理上却还十分孩子气。有的对男女之事不懂，或懵懵懂懂，对女性可能遇到的性侵犯没有戒备之心。而一些不怀好意的成年男子往往瞄准了她们；一些男生看了黄色录像带之后或单独或纠结团伙侵犯女同学或比自己更小的女孩子。

专家们分析这些孩子被性诱骗的事件，主要有以下几种情况：

1. 被过量的酒，或其他药物甚至毒品麻醉，神志不清，或者昏迷不醒，然后被有意下药的人性侵犯。

2. 女孩子跟一大帮人出去跳舞、玩乐，参加通宵聚会，过分地游戏，一起看黄色录像……在玩得高兴时半推半就，或者迷迷糊糊失身。

3. 被别人提出某种诱惑性的条件，或因对方具有某种身份而产生崇拜或渴望心理，没有意识到后果，自愿上当。

4. 实施诱骗的人可能是孩子的老师、远房亲戚、同学的家长，老师可能是孩子喜欢、崇拜的，有些师长正是利用孩子的柔弱心理进行威逼利诱。

5. 发生最多的是有的人利用女孩子喜欢的物品或者金钱来诱惑她，孩子如果在家中这些物质要求得不到满足，虚荣心重，也可能被诱骗。女孩子一旦上了套儿，跟诱惑者去了封闭的场所，或发现了严酷的事实要反悔时，往往已经晚了，常被强迫就范。

值得青春期广大的中小学生注意的是，青春期的男孩子也有被性诱骗的情况。例如利用男孩子的生理发育本能，被年长的妇女诱惑，例如同学的妈妈、邻居阿姨等，还有男同性恋侵犯的可能等，所以男孩子也要有防范意识。

为了防止性诱骗的发生，广大的中小学生应该做到以下3点：

1. 唤醒自己的保护自觉。在这一点上，广大的家长应该及时地对孩子

进行帮助和教育。在孩子进入青春期后，家长就应该对孩子进行及时的青春期启蒙教育，要告诉她现在要准备成为一个大人了，要讲到对性诱骗的防范。女孩子像花朵一样娇嫩，所以更要告诉她这个社会上有居心不良的人，例如老师、亲戚、同学的爸爸等如果谁老用奇怪的眼光看她，对她超乎寻常地热情，以及没有理由地给她金钱、物品时，一定要警惕。要做一个自尊自爱的女孩子，有保护自己的意识。

2. 广大的中小学生要了解被诱骗的严重后果。青春期的少女发育还不全，一旦遭受性诱骗，对生理、心理都会造成严重后果；还可能发生殴打、强迫等暴力事件，少女不但会遭受性伤害，身体其他部分也会遭受创伤。有人对少女进行性诱骗后，会长期控制她，甚至出现拐卖、逼迫卖淫等更严重的后果。而且少女如果过早地尝试了性的滋味，对她将来的成长也会有影响。

最后，广大的中小学生，尤其是女孩子要给自己制定几条规定，以防止遭受诱骗。如，尽量不和男子独居一室；更不要随便和人去陌生的地方；不可晚归；不要参加人员复杂的聚会等活动；不要随便喝别人给的饮料；不要喝酒；去同学家发现只有其爸爸在家时要马上退出等。

♥ 遭遇性侵犯后的调节

青少年时期，心理发育正经历着从幼儿到成人的过渡，已经形成了自己的一个交流圈子，并开始初步步入社会，所以尽管大家有父母的保护，但是还是有与危险的接触的交界点。如果不幸真的发生了，有的同学遭受了侵犯，那么，你千万不能自暴自弃，一定要适应的改变态度，重新站立起来。父母亲在这方面更应该加以指导和引领。

有这样的一个故事：初中一年级的笑笑本来是个活泼、开朗的孩子，但是自从上了初一之后，她的目光就渐渐显得呆滞，并且也不爱说话，有时候就坐在那里发呆，甚至连父母叫她数声都没有反应，父母一直以为孩子出了什么事情，问她也总是不说，后来经过心理医师的引导，才知道原来孩子在学校遭到了性侵犯。

近年来，电台、报章对这样性侵犯幼女的案件时有报道。一些色欲淹没理智的人将罪恶的黑手伸向了未成年的少女，以暴力的手段胁迫，对女孩子进行性骚扰，甚至强迫发生性关系。这是一种犯罪。有的罪犯利用小女孩子胆怯、不敢揭发的心理，逍遥法外，长期胁迫被害人发生性关系，进而对多人犯下这种罪行。还未发育成熟的未成年少女如果遭遇这种事情，无疑精神上和生理上都会受到巨大的创伤，甚至会影响她的一生。

面对这样的情况，专家告诫父母，父母千万要保持平静，不可惊慌失措或作出过分的反应，更不能责骂和惩罚孩子。应该试着从孩子的角度体会其感受。父母要避开他人单独与孩子沟通，支持和鼓励孩子坦述事实经过，尽量使孩子相信你是富于同情心的、善解人意的、能为他提供帮助的，这样孩子才会说出真实情况和内心感受，愿意跟你密切交流。及时安抚和解除孩子的紧张和不安，劝慰孩子不要对所发生的事感到羞愧，不必过于内疚和自责，应吸取教训，提高警惕，振作精神，增强自我保护意识。

那么，受到伤害的同学应该怎样重新站起来呢？

向父母请求帮助，重新树立起生活的信心。在这一点上，广大的家长不能简单予以处理。发生这样可怕的事情，家长首先要想到这不是孩子的错，并且也要这样安慰孩子。而且退一步说，现在社会越来越宽容，孩子一旦恢复过来也不会一辈子都完了。有的家长因为愤怒，以及为孩子的将来担心，粗暴发泄，没想到这样极有可能再次伤害已经非常脆弱的孩子，甚至逼孩子走上绝路。

事情解决后不要多提，孩子遭受到伤害，内心已经经受了巨大的伤害，父母要让时间渐渐冲淡这伤害，要让孩子感觉一切如常。有条件的话最好转校，甚至搬家，帮孩子换一个全新的没有人知道其过去的环境。

同时还要对孩子进行言语教育，让孩子正确认识男女之事。有的女孩子因为少年时候遭遇了这样的不幸，从而对男女之事产生了极大的厌恶，甚至讨厌一切男人，造成了心理上的疾病，可能影响她将来正常的婚嫁。事情平复之后，借生理教育之机让孩子明白性本身不是肮脏的，男女之间两情相悦是美好的事情。伤害她的人是罪犯，就像有人殴打她一样，但不是所有人都一样坏。

在事情的解决上，父母一定要坚定立场，将罪犯绳之以法。这样做首先要平时就和孩子建立起良好的信任关系，让孩子受了委屈会回家跟父母说，以便家长及时了解事态，保护孩子不会一而再、再而三地受伤害。

一旦发生这种事情，不可"私了"，要让罪犯罪有应得，受到法律的制裁。这样做孩子才会觉得安全。当然，在繁琐的取证、审判等过程中要小心保护孩子，她还是未成年人，不要让她受刺激。不要让孩子的真实姓名、照片等因媒体对案件的报道而出现在报纸、电视上。

另一方面，一旦知道孩子受到伤害，心理治疗就应该立即开始介入，父母可以到当地的心理治疗机构或是精神卫生方面的司法部门进行鉴定。

首先，从孩子的情绪、行为、睡眠情况、身体健康状况等多方面对孩子的心理状态进行评估，判断孩子的受伤害程度。从这些状况来进行初步的诊断，以此做出对孩子和家长性心理指导的方案。何明华说，程度强的性伤害，如果受害孩子能够在受害后"急性期"内得到专业的指导和帮助，创伤带来的伤害和影响将比较容易减少。

但如果在"急性期"没有得到指导，等到以后解决就会困难一些，原因是，创伤的影响已经泛化到了各个方面，处理起来就比较困难。甚至有时候，创伤已经被掩盖住了，只是在悄悄地起着负面作用，这就更难处理一些。因此，求助越及时，越容易得到帮助，越容易将伤害减至最低。

同时，我们也提醒父母和老师，如果你们发现了孩子的异常行为和情绪，如学习成绩的无原因下降、厌学、兴趣减退、目光呆滞等，应及时和孩子沟通交流，给予及时的支持和关注。当怀疑孩子是受到了性方面的侵害时，也应该及时向相关机构求助，找到最好的解决方法。

总之，在孩子经受了痛苦的事件后，父母要避免和减少对受害孩子的"二次伤害"，父母、亲属、邻居、学校以及全社会应该理解、关心和保护孩子，并给其一个理解的、宽松的、无歧视的、关怀备至的成长环境。此时，父母要尤其尊重孩子的要求，做有关孩子的重大决定时，听取孩子自己的意见，孩子特别需要在信任中恢复自信，从而帮助孩子真正站起来。

在网络世界中的自我保护

应学会正确使用电脑

由于现代科技的发展，电脑已经成为人们交流、通讯的一种方式，对青少年来说，更是如此，如果现在谁还不懂电脑一定无法融入周围的朋友圈子。

电脑可以提高广大中小学生的学习效率，拉近了同学之间的沟通，同时也突破了地域上的差异，这对青少年的学习是十分有利的。

而当前，由于生活水平的提高，一股家用电脑热已经吹遍了中国的城市乡村，电脑开发商也把目光全面转向家庭，各种电脑价格大幅度下降，各种家庭用软件纷纷面世，面向家长、家庭的电脑培训如火如荼。

如今，电脑将像家用电视机一样，普及到中国的千家万户。从当前状况来看，花三四千块钱买一台个人电脑对许多家庭特别是城市家庭是能够负担得起的，电脑在家庭教育中必将扮演重要角色。

同时，由于电脑所能带来的便捷，越来越多的父母也把电脑作为教育子女的重要手段之一。有关调查表明，在已经购买电脑的家庭中，用于子女教育的人近33%；在欲购买电脑的消费者中也有近34%的人表示买电脑是基于孩子的学习考虑的。在一些家用电脑展销会上，家长郑重地向孩子许诺，只要孩子期末考试成绩优异或考取重点中学，家长将给孩子买一台电脑以资鼓励。可见电脑的普及程度。

电脑能给家庭、孩子带来很多方便，但是与此同时，各种网络不良因素也进入了孩子视野，从而影响了孩子的生活。根据调查，目前有不在少数的青少年由于过分迷恋电脑的娱乐功能而影响了学习，出现这样那样的问题，更有甚者由于受到不良网站的引诱而干出违法犯罪的事情。

初中的学生小帅上学期期末考试成绩很好，取得了班里的第二名，为了奖励儿子，小帅的父母花了将近4000块钱，给他买了一台家用台式电脑。本指望儿子用这台电脑学习一下计算机网络知识，还可以通过远程教学作为课堂学习的补充。

但是他们始料未及的是，小帅把这台电脑当作了自己的娱乐大本营。每天都沉浸在网络游戏之中，玩得非常上瘾，几乎每天晚上都把自己关在房间里玩到深夜，白天在学校时满脑子想的也都是游戏世界里的谋篇布局。

这样一来，小帅的学习成绩可想而知，在转过学年的期中考试上，三科不及格，名次一落千丈。儿子成绩的大幅下滑使小帅的父母措手不及，他们终于明白了儿子每天把自己关在屋里究竟是在干什么，非常后悔当初不该给儿子买电脑，于是他们做出了断然决定：从即日起给儿子"断电"，不准小帅再碰电脑。

这类事情几乎在每个有电脑、青少年的家庭都有发生，而且青少年因网络游戏上瘾而荒废学业的现象也屡见不鲜。前不久，看到某电视台播出的一则报道：几个高中学生因迷恋网络游戏和网上聊天，偷拿家里的钱"泡网吧"。在被家长和学校发现后，竟然采取了铤而走险的办法，拦路强抢低年级学生的钱物，最后发展倒到了入室偷窃的程度。东窗事发后，被公安局拘留，进入了少年劳教所。据他们自己交待，所抢劫、偷盗来的不义之财近万元，都被他们挥霍在网吧里了。

正是由于电脑惹出的"祸端"层出不穷，所以很多中小学生家长都在该不该给子女买电脑的问题上犹豫不决。他们担心电脑在给孩子带来方便、知识的同时，产生负面影响，耽误孩子的学业，损害身心健康。

其实，电脑不是恶魔，它只不过是一种设备，而真正影响孩子前途、生活的是怎样运用电脑。由于青少年不成熟，容易受诱惑，所以在对待使用电脑问题上，做父母的应该及时给予他们正确引导，做到兴利除弊，让电脑正确发挥作用，成为孩子学习生活上的好帮手。

在如何学会正确使用电脑这方面，不但需要中小学生的自我约束，也需要广大家长的帮助。

1. 父母首先应该具备一定的电脑知识，在购置家用电脑前，就应该对电脑的功能、电脑的使用方法及保养、计算机的基础知识有所了解，最好是经过一段时间的专门培训，从而在指导孩子学电脑、用电脑时能够胸有成竹；同时，家长要认识到电脑的教育功能并非只适用于孩子，家长应该和子女一起学习电脑知识，和孩子相互切磋，共同提高；要指导孩子正确学习电脑，不使孩子成为电脑游戏迷、VCD迷。

2. 电脑可以早一点买。虽然孩子学习电脑的年龄不是越小越好，但一般认为，孩子到了初中阶段学习电脑比较适宜他们的身心发展特点。父母要激发孩子学习电脑的兴趣，但不能逼迫孩子学习电脑。有些家长因担心孩子迷恋电脑游戏和上网而不买电脑，结果孩子只能转移到网吧。网上的内容鱼龙混杂，孩子难以分辨，在没人正确引导的情况下易掉入黄色网站、电脑游戏的陷阱。

3. 广大的中小学生自己则需要认清网络不良影响的危害，学会自觉防御。广大的中小学生现在的学习任务很紧张，没有那么多的时间和精力玩网络游戏，不良网页是"精神海洛因"，会毒害自己的心灵，消磨自己的意志，不可染指。父母给自己买电脑是用来辅助学习，增长见识的，一定要派上正当用场。

4. 父母要教导、帮助孩子合理安排使用电脑时间。在孩子学习电脑时，父母要适当控制孩子的上机时间，提醒他们注意休息，防止时间过长损害视力。父母可以与孩子协商看电视和上网的时间可以规定为每天一小时，或者一周多少小时，如果时间太长，家长和孩子商量，给他一个总量，让孩子自己选择。给孩子约法几章：例如完成课业后才能上网等，同时也要鼓励孩子积极参加各种室外活动，扩大兴趣，促进身心健康发展。

5. 父母要营造一个温馨的家庭气氛，进而鼓励孩子用电脑培养自己的专长。据调查，大部分青少年沉迷于网络大都是由于心中空虚，青少年由于生活经验少，在考试和学习的压力下，很容易产生一些情绪，而由于其心智尚未成熟，对情绪没有办法理智的控制或者宣泄，所以就转移注意力进入了电脑世界，从此而不可自拔。而建立良好的亲子关系，让孩子在现实生活中感受到快乐和安全。这样就不易依赖电脑等虚拟世界来发泄不满和躲避现实。

另外，家长要创造条件让孩子掌握电脑的操作技术，培养孩子的正当兴趣，比如多媒体制作、建立自己的个人网页等，还可以引导孩子由浅入深地编些简单的软件程序，让电脑在家庭中真正的起到积极的作用。

上网要注意自我保护

现在青少年群中，上网已经成为其日常生活的一部分，QQ、MSN、邮箱等无不记录着青少年交流的痕迹，但是网络毕竟是一个虚拟的社会。在网络里的友谊、情感，人人不得不打上一个大大的问号，因此广大中小学生一定要清醒地认识到，在网络中也要和在真实社会中一样，懂得保护自己的隐私和安全。

近来，青少年网上被骗的事情屡见不鲜，曾经在报纸上看到这样一篇报道：李某夫妇有一个 14 岁的儿子小友，一家人在一个中等城市中生活得其乐融融。后来，儿子在全市的奥数比赛中取得了第一名的好成绩，李某夫妇为了奖励儿子，就为儿子买了一台电脑。

生活依然平静地进行着，孩子的成绩也没有因为电脑而有所下降，李某夫妇每当看到别人孩子因为沉迷游戏，就庆幸自己儿子的懂事。但是这种平静幸福地生活在一天下午被一封神秘的来信打破了。这天傍晚，李某下班时按老习惯在楼下邮箱里顺便取了几封信件回家。里边除了最常见的广告促销邮件外，还有一封奇怪的信，用报纸上剪下的字拼起来，上面要求李某在 24 小时内把 1 万元汇到某个银行账号，否则儿子小友就性命难保。信里的语气似乎对李家非常了解。

李某被这封信吓的不知道怎么办才好，一家人担心了一晚上之后，终于决定报案。事情很快就查清了，原来小友在一个学习网站上依要求填了自己家庭的详细情况。犯罪分子是通过这个了解到他们家的地址和基本情况的，并且同时发出了好多封这样的勒索信件。可见青少年网络安全教育的重要性。

信息时代，用户的个人资料也成为了网站的重要资源，同时也成为被买卖的对象，由此可见个人信息已经成为一种商品。随着互联网的发展，网络病毒和黑客攻击也逐渐发展，个人计算机的操作者如果没有自我保护意识，很容易使自己的计算机遭到破坏、甚至瘫痪。

从计算机的安全到使用计算机的人的安全，都是需要自我保护的。网络世界和现实世界一样，有好人，有坏人；网络提供的资讯，也有好坏。而且由于在网络上看不到对方，任何人都很容易掩饰真实的身份，因此广大中小学生更要注意安全。

据说，在网上只要花费不多的钱就能买到大批用户的个人资料，如姓名、地址、电子邮件、电话号码，甚至是信用卡号码等。所以，保护自己的个人信息非常重要，也非常必要，对青少年的网络安全意识的培养，专家提出以下几点：

1. 保护计算机的安全。广大中小学生应在上网的时候使用防病毒软件，不要随便从网上下载或运行程序，最为重要的是尽量不要打开不熟悉的邮件地址发来的不明附件。同时，也不要告诉别人自己在网上使用的密码，即使是最好的朋友也不例外。

2. 保护自己不受情感伤害。尽可能把电脑放在客厅或家人一起活动的区域；在父母的指导下，订下合理清楚的上网规定，认清哪类网站适合浏览，哪类不适合浏览，每天上网最多几小时，什么时候可以上网？

寻找合适的网络过滤和分级软件，可以自动过滤黄色或暴力等不好的内容；不要玩包含了暴力或色情内容的电脑游戏，不要理睬那些带有攻击性的、危险的电子邮件、交谈请求或其他交流方式，不要进入那些令他们感到不舒服的站点，不要回复任何粗俗、语带威胁的电子邮件。网上交谈如果出现这类内容，也应立刻终止谈话。

3. 要懂得保护自己隐私和个人权益。使用安全的站点进行交易；及时清除临时文件及历史文件，因为里边包含了大量的个人信息；"自动完成"功能能够记住以前输入的网站地址、表单和密码，尽量不要选择让计算机"记住"密码，或下网后立即清除这些信息；不要把自己的私人信息随便透露给别人，尤其是在聊天室和 BBS 上，以免受到不必要的伤害和骚扰。

除非父母许可，不得在网络上泄露自己或家人的资料，包括姓名、地址、电话号码、就读学校、信用卡号码等。假如网络上有人告诉你中奖了，或请你参加活动时，不要轻信，或随意传送个人资料出去。

最后，要懂得保护自己的人身安全。网上交友一定要慎重；不要轻易与网友见面；如果感觉到有来自网上的危险，应该迅速报警，与公安部门取得联系。

青少年网上交往特点

随着电脑在我国的日渐普及，越来越多的中小学生拥有了自己的电脑。电脑、多媒体、互联网这些新名词开始成为同学们热衷的话题，很多人开始拥有了自己的上网账号、电子信箱甚至是个人网页。

广大的中小学生在网络世界里享受自由，上网校、逛商场、交朋友，变幻的网络世界让很多人都充满好奇心，流连忘返。特别是在网上，我们可以交到各式各样的朋友。网上联络也更为方便快捷，发 E-mail、QQ 聊天等，而且似乎也比现实生活多了一层神秘感。可是大家真正了解网络吗？你可知精彩的世界中也会隐含着各种危险？现在我们就一起先了解一下青少年网上交往的一些特点。

1. 交往方式的间接性。在网上，我们与人交流时往往通过发 E-mail、QQ 聊天等方式。网络交往以文字、图片为载体，与现实生活中的交往不同，是一种非直接性交往现实生活中，我们与人交流不仅可以通过语言，还可以通过表情、身体姿势等来进行表达。这需要我们的及时反应，是不容多加修饰的。

而在网上，通过文字、图片虽然同样可以描述形象、传情达意，但传达的是经过刻意加工的信息，描述的是精心包装过的形象，这些信息与形象往往具有很大的虚拟与虚假成分。而我们对这些信息很难辨别真假。香港小童群益会的调查发现，被调查青年中有 7 成以上通过互联网交朋友，其中48.6% 的人承认在网上曾向朋友撒过谎，或者用另一身份结交朋友，而网上聊天使用者在网上说谎的理由包括保护隐私、保护自己或美化自己去吸引朋友。"

大家会发现在网上我们很容易结识到网友。特别是一些性格内向的人，在网上能迅速建立人际关系。这就是因为在网上交流缺乏直接性，使人们可以构思与加工自己的语言。只需面对屏幕，一些在现实中不善表达自己的人也可以变得口若悬河。但这些信息却未必真实，对于辨别力尚未发展完善的青少年来说，很容易掉入陷阱。

2. 交往角色的虚拟性。大家经常可以听到人们用"虚拟世界"来形容网络。虚拟也就是不符合或不一定符合事实的，或凭想象捏造的意思。角色虚拟化是网上交往的一大特点。在网上，我们可以给自己任意取一个网名，性别、年龄、身份也由自己而定，并且可以经常变换。

这与现实生活很不一样，在现实交往中，我们的身份是直接、真实、稳定的。虽然角色虚拟可以使我们与网友处于相对平等、没有直接利害关系冲突的交往位置，从而有利于人际关系的建立，但匿名性、变换性、缺乏责任性又很难使我们与网友建立稳定的关系，而且经常生活于一个虚拟世界，也不利于我们的身心健康和人格发展。

凤凰卫视就报道过一个真实的事件：一个男子玩网络游戏赢得了很多虚拟的武器、钱财，却被黑客（利用网络蓄意攻击他人、捣乱的人）一夜之间偷光（在网上）。该男子一时心疼，竟跑到警察局报案，要求警察帮其寻回在网上丢失的"宝贝"。大家可以想想，一个正常的人在网上被偷，就算报警，是不是也应该去找"网络警察"，而不是真正的警察？所以，不能把虚拟世界太当真。

3. 交往行为的直接性。交往方式的间接性和交往角色的虚拟性决定了交往行为的直接性特点。网上交往中，我们可以随便进入或退出一个网页，来去自由，行动方便。如果碰到不喜欢的对象或尴尬局面时我们可以即时退出，或者再用新的角色身份重新进入交往。我们在表达思想感情的时候，可以想说什么就说什么，不必像日常生活中那样吞吞吐吐、胆怯害羞，容易与对方到达交流的较深层次。

在选择网友的时候，我们可通过 QQ 或网上征友的方式来直接选择交往的对象，还可以利用 E - mail 等形式直接进行交往。而且利用 QQ、E - mail 等网络形式能及时、方便、快捷地传递交往信息，这更加强化了网上交往行为的直接性。要注意，这与交往方式的间接性是不矛盾的。

与直接性紧密相连的则是交往行为的随意性和缺乏责任性，这同样会使我们的网上交往没那么真诚与深刻。丽红曾结识过一个很聊得来的网友，他们经常在 QQ 上碰面。结果有一次丽红跟他开了一个小玩笑之后，丽红就

再没碰见过他。原来他已经把丽红列入了黑名单中，这让丽红好生感叹网上交往的随意。

4. 交往关系的平等性。间接性、虚拟性、直接性的特点又决定了网上交往关系的平等性特点。在现实中，我们人际交往形成的关系很多，有父子关系、师生关系、朋友关系、同学关系、姐弟关系等。总的来说，分为长晚辈与平辈关系。而在网上，网民的交往角色是虚拟的，不存在长晚辈那样的关系，交往似乎变得更加平等。不仅如此，网上交往的虚拟性还淡化了现实生活中交往圈子的局限，从而使得交往更加自由、平等。我们在网上可以碰见各式各样的人，不管认识不认识，也不管身份、地位、职业和年龄。

处于虚拟的世界，大家都可以随意结识，畅所欲言。就如漫画中描述的那样，你的网友有可能就是你的父母、老师或同学。

从交往关系来看，网上交往类型主要是网友。所谓网友，就是网上朋友。朋友有两个明显特征：平等性与道德性。在网上强调更多的是平等性，而道德性则有所削弱。与一般意义上的朋友相比，伦理道德对网友的约束性较小，这既强化了网友交往关系的平等性，也使交往关系容易改变。

总之，作为人际交往形式，网上交往具有快捷、信息量大、直接、平等等特点。它可以扩大我们的交友面，是现实交往的补充。但由于上述的各种特点，网上交往不可避免地存在着弊端。特别是对于我们青少年来说，纯真有时会使我们难分是非，从而落入网络陷阱。

♥ 网上交友一定要慎重

青少年上网最大的作用就是交流、沟通，而网上交友也成为青少年在现代社会的一种交际方式，这本无可厚非，但是网络的世界由于隔着一台机器，事情很难看到本质，而且由于电脑的阻隔，很多丑陋的事情也可以被美化，而网友也并不比真实世界里的人更可靠。根据网络交友的发展规律，一般彼此在网上聊得开心后，就开始向网下发展，因此广大的中小学生要注意，网下的真实交往，一定要带眼识人。

中学生小刚自从家里买了电脑后，就十分热衷于在网上交朋友，这种快速文字语言的交流方式总是带给他很多惊奇，原来天下还有这样的女孩，她们的思想总是像精灵般的古怪而可爱。

由于在网上聊得比较熟了，小刚偶尔也约网友 MM（女孩子）出来玩。有一次他在网上和一位"粉色小花"聊得十分开心，正好他兜里有些压岁钱，就十分大方地要请"粉色小花"出来吃饭。

约好了地方，"粉色小花"临时打电话来问能不能带朋友一块儿来，为了显得大方，小刚假装高兴地邀请"粉色小花"的朋友一起来，谁知道一下子来了 4 个人，让小刚大大地"损失"了一笔。就在最后，"粉色小花"还用小刚付款的方式，打了计程车回去了，从此以后小刚再也没有与她联系过。

小刚的遭遇代表了大多数网上交友的结局，所以在网络上也流行着"见光死"一说。互联网突破传统的时空限制的交流方式，因其巨大的信息量，便捷的时空优势，它对人们的生活特别是精神文化生活产生了广泛的影响。曾几何时，网络成为人们生活中不可缺少的一部分。

QQ 的出现，更让万千青少年为之痴迷。据调查，在我国的 3 亿多网民中，中学生占相当大的比例。在网络聊天室，中学生也是常客，不少中学生有在网上交友的经历，似乎还在迅速增长而成为时尚。

面对这样的情况，大多数父母都和孩子在网上交友方面始终持对立的态度，所以在生活中，父母也千方百计想控制或禁止孩子上网，但是孩子却使出浑身解数偷偷上网聊天交友，我行我素。其实，现在上网是趋势，何况好奇心特强，接受新生事物特快的中学生呢。叫他们都不越雷池半步，未免太苛刻，也是不可能的，更何况现在的中学生多属独生子女，在心理情感上较为寂寞和孤独，渴望有人倾谈，想拥有几个亲朋好友，因此网上交友对这些正处于青春期的孩子来说，具有非常大的感情诱惑力。现实生活不能说的，可对"网友"一吐为快，而不必担心泄密和受到指责、非议。

但是青少年毕竟社会经历少，再加上网络的隐蔽性，孩子很难辨别事情的真假，所以父母应该针对此时孩子的心理发育特点，要相信他们、理解他们，加强沟通，并且要正确地对待孩子的上网交友问题，不能一味的放纵，也不能一味的禁止，而要根据具体情况具体分析。

作为父母，应该因势利导，把握分寸，正确引导孩子趋利避害。既不横加干涉，又有效控制。孩子如果长时间沉迷在网络的虚拟世界里，不想在现实生活中交朋友时，父母一定要及时指点提醒，帮助孩子控制分寸。

其次，要让孩子明确网上和网下的区别。要让孩子明白适度地网上交友可以，但是这种关系最好不要随便发展到网下来。如果只是网上聊天，谈得来就可以聊。但是一旦网友提出见面或者其他真实的交往要求，就要慎重。网上网下都要带眼识人，网友并不比真实世界里的各色人等更单纯更可靠，让孩子不要因为是网友就轻信于人。

在电视上，曾经看到过一个中学生栏目，记录了一个中学生网上交友上当的过程。小平是江苏省某中学高中三年级学生，她聪明活泼、兴趣广泛，已做了2年网民了。在众多网友中，她与一个名字叫"好人"的聊得特别好，后来对方提出见面，小平觉得在网上已经认识2年了，自认为这个人还不错，于是就单身赴约，结果在见面地点小平看到了3个嬉皮笑脸的青年，并最终被挟持到旅店失了身。

后来网友还准备将她卖到云南或缅甸去，由于她一时机智在路口留下了自己的耳环，才让后来赶到的警察找到了自己，得以脱险，但是此次经历却给她的以后人生造成了无法泯灭的伤害，也使她明白，网络与现实毕竟是两个世界。

其实，小平的经历并不是个例，在青少年网民中每年都有一定数量的这种悲剧发生，所以父母应该提醒青少年本身注意，让他们在交流的同时也要学会保护自己。同时，父母也应该帮助孩子掌握分寸，只有这样才能保证青少年在现代社会的健康成长。

♥ 无处不在的网络陷阱

网上环境极为复杂。网络是开放的，网上交往又是平等、自由和虚拟的。于是，一些不法分子或别有用心的人乘虚而入，利用虚拟掩护，从事违法乱纪行为。另外，又因为网络是开放的、自由的，使得网上的非正当行为得不到有效管理。

所以，有没有危险只能依靠自己的判断力。青少年交往经验不足，进入缺少成年人保护的网络环境后容易遭受侵害，正如美国一名罪犯在法庭上承认的："对没有成年人监护的青少年来说，互联网是一个非常危险的地方。"

青少年网上交往中所遭遇的侵害行为主要有人身侵犯、隐私权与情感侵犯、网络垃圾及网上人身攻击等，而且青少年过度沉溺于网上交往还会对身心健康造成损害。所以，广大青少年上网时一定慎防以下陷阱以及了解一些自我保护的小招数。

网上交往给青少年带来的人身侵犯是利用网络获悉青少年个人资料后，在现实中对其实施人身侵害的行为。

有不少青少年上网聊天，是因为他们觉得在网上说话很自由，不像在学校里和老师同学说话那么紧张，而且能够和陌生人交流，也很有趣。所以，他们很喜欢在网上与陌生人聊天。纯真的孩子们可能并不知道，在网上的闲聊，也许会使自己受到伤害。

据新加坡有关报道，有名女中学生在网络中认识了一位男士，并被其吸引，但当女学生按照约定去赴约的时候，等待她的却是无情的强暴。2002年3月，北京2名不足20岁的少年把一名女网友约出，残忍地将其杀害并实行抢劫。国外有报道说，有的网络骗子在聊天中，骗取孩子及其家庭的资料，以便从事欺骗、敲诈、绑架等不法活动。

虽然并不是每个上网的人都会遇上这些事情，但是"害人之心不可有防人之心不可无"，就像防火防盗一样，稍有大意，便会造成不可挽回的后果。所以，我们上网时，特别是遇上网友要求见面时，要慎重考虑，多加分析。以下便是遇到这种情况的一些小招数。

1. 不用真实姓名聊天，在网上不轻易告诉他人自己的年龄、学校、家庭住址、家庭电话。

2. 提防刨根问底的网友，特别是喜欢打听自己家庭情况、索要照片的网友。假如对方一直穷追猛打，可以明确地回应：我不喜欢别人太多解自己的隐私。

3. 多与家长交流、谈心，让家长了解自己的上网情况。虽然没有必要任何事情都跟家长汇报，但至少让家长了解我们的交友情况。毕竟父母的阅历比我们丰富，分析事情也比我们要全面。这样还可以促进感情交流，而且出了事，追查起来也比较容易。除了家长，我们还可以与同学、老师等信得过的人交流自己的上网情况。

4. 不要轻易答应与网友的约会。如果要去，事先征求家长的意见。

5. 与网友约会的地点一定要选择人多的地方，最好由自己决定。约会途中不要答应网友到人少、不熟悉的地方。就算已是多次约会的网友也不要放松警惕。

❤ 要学会防范网络强盗

随着科技手段日新月异的高速发展，尤其是信息技术和网络媒介的成长，利用网络犯罪的网络强盗也越来越多，手段越来越高明。通过网络，对隐私的获取和侵犯变得轻而易举了。今天在美国和加拿大，有1.12亿人的姓名、住址、电话号码网上可寻；只需花点钱，你完全可以通过网络获取他人的信用卡号码、社会保险号码、银行账号、信用记录、驾驶执照、法庭记录、不动产及债务情况。只要你在网络上公布你的个人资料，别人就很容易能够获得。

在现实生活中，骗子和强盗作案时大多数就在我们的身边，而网络骗子和网络强盗却是隐身于茫茫的网络深处。网络骗子和强盗们，可以在网上骗孩子说出自己的电子信箱后，然后向其传播病毒；可以从大家那里骗出网络账号、信用卡账号和密码，然后盗用其钱财。

因此，一些相应的措施也纷纷出台。例如，很多网站制定的规则中都明确提出保护个人隐私，不许张贴他人姓名、住址、电话、照片等，不许在网上向18岁以下者套取姓名、住址、电话、学校名称等个人信息，但毕竟网络对于此类犯罪的管理仍不完善，我们也必须学习一些防身之招，不给他人可乘之机。

1. 不要翔实登录个人基本资料，如姓名、电话、地址、家中成员等。除非取得父母的同意，否则千万不要在网络上留下真实姓名、电话、住址、父母的职业及就读的学校等基本资料。

2. 绝对不可随便把父母信用卡账号登录在网络上，或者把自己的网络账号密码给予他人（包括自己的朋友也不可以）。

3. 如果网友问及自己或父母信用卡或银行账号，千万不要透露。必要

时终止与其谈话及告知父母。

4. 如果要利用网络订购相关软件或物品，一定要经过父母的同意。

5. 安装杀毒软件，不打开来路不明的邮件，不点击突然出现的图标，并及时告知父母，以免是因为自己的信箱、账号泄漏而受到黑客攻击、病毒侵害。

要拒绝网络精神鸦片

网络世界丰富多彩，包罗万象，但是网络中也不乏色情、暴力的内容。特别是一些国外的网站，随便点一个按钮，都可能出现一个黄色网站。有时误打误撞搜寻到不当的网站及新闻讨论群，如性、暴力、赌博、教人如何制造炸弹及拥有武器等。

还有一些陌生人寄来的邮件，上面有时会出现一些青少年不宜的网址。北京一位年仅 10 岁的学生，突然收到一个陌生人发来的电子邮件，内有软件。他兴奋地在电脑屏幕上观看，却看到极其低级下流的淫秽画面……

从正当渠道了解一定的性知识，对我们青少年来说，是必要也是有益的。但是，这些"网络垃圾"却是百害而无一益。它不仅与我们所受的教育不符，玷污我们纯洁的心灵，还会对我们将来的人格发展带来消极影响。有些青少年经常浏览黄色网页，竟达到欲罢不能的境地。常常涌起的性冲动最终使他们走上了犯罪的道路。

还有一些孩子喜欢在网上玩打仗、拳击等暴力色彩浓厚的游戏，并以在网上与他人厮打、血流不止为乐趣。这同样不利于我们人格的正常发展。研究表明，这类孩子的暴力倾向要比平常的孩子高。拒绝"网络垃圾"，同样是在网络进行自我保护的重点，小招数有下列几点。

1. 目前已经有软件生产商开发出了网络信息过滤器，它可以像侦探一样把带有色情、暴力等孩子不宜接触的信息搜索到，然后像"网络巡警"一样把这些内容拦住，可以不被孩子接触到。我们可以让父母在家里的电脑上安装此软件，以保证我们接触到的都是健康的内容。

2. 为了防止漏网之鱼，尽量不要点击不明来路的网址。浏览外国网站时，要得到家长同意，并在家长陪同下浏览。

3. 为避免误打误撞搜寻到不当的网站，我们自己或者最好请父母平时帮我们搜寻不错的网站，并建立书签。

4. 一旦不小心进入到不当的网站中，要不受其诱惑，及时回避，并告知家长。必要时向公安局举报，当个护法好公民。

"网恋"二字是网上谈论最多的话题之一，甚至有些青少年以拥有一段网恋而洋洋自得。殊不知不正确的"网恋"也是一种精神鸦片。

与现实交往不同，网络给我们提供了一个虚拟性与真实性并存的情感环境，我们一方面可在网上大胆而直接地与异性交往，但另一方面，这种真真假假、半真半假、时真时假的交往则又给我们情感的健康发展带来了较大的负面影响。

我们有些人由于不相信网恋具有真实的一面，与网友交往只是出于"游戏"的心态，一方面有可能给真诚的一方造成严重的情感挫伤，另一方面则不利于自己情感的健康发展。

而另一种极端的情况则是，青少年情感强烈，投入往往很大。但网恋多从聊天交流思想感情开始，正好与一般恋爱从身高、容貌等感性开始的顺序相反。

聊天时，我们往往在对方经过修饰的文字下把对方想象得很完美，然而事实却不一定与想象相符。最后见面时就有可能大失所望，这就决定了其成功率很低。而且我们对于"下网散，见光死"的可能后果缺乏心理准备，容易造成心理挫伤。

正在念初三的小妍迷上了网络聊天，特别与一个名为"浪淘沙"的网友聊得来。"浪淘沙"经常对小妍说些情意绵绵的话语，令纯情的小妍脸红心跳。小妍以前一回到家就先做作业，现在却是先打开电脑了。就算在妈妈的督促下打开了书本，他那闪烁着的 QQ 头像也会不时出现在小妍眼前。可想而知，小妍的成绩一落千丈。

在小妍的再三要求下，"浪淘沙"终于答应与小妍见面。小妍才发现"浪淘沙"口中的"文质彬彬的绅士"原来只是一个毫无修养的社会青年。回来后，小妍大病一场。

拒绝"网络情人"的爱情陷阱，以免受到感情伤害，在此向对网恋存有幻想的青少年提几条重要的建议。

1. 随时警告自己还是中小学生，要以学业为主。平时发展正常的异性交往，要以现实生活中的群体交往为主，不要与单个异性来往过密，特别不要沉溺于与网友聊天。

2. 与网友聊天内容要健康，不要投入太多感情，理智地对待一些甜言蜜语。

3. 从小建立正确的爱情观，有利以后的感情发展。如理智地对待感情，不要追求一时的快乐；注重对方学识、道德修养、品行、性格等而不是相貌、金钱。

抵制流氓的人身攻击

在网上，我们一旦进入聊天室，就会碰到各式各样的人，同样会有如同现实流氓的网络流氓。他们不顾及他人感受，或是出言不逊，甚至粗言秽语，或是在他人不理会的情况下不断发出干扰信息或信件，又或是传送一些他人不愿接受的不健康的图片……

我们很多人对此感到气愤，却又很无奈，但我们至少要清楚这同样是对我们的一种侵害，是一种人身攻击，我们同样要采取自我保护的措施。

1. 不要进入人员太杂的聊天室，选择以学生为主的聊天社区。

2. 遇到任何令人感到不舒服的信件或讯息，千万不要回应，并立刻告诉父母。

3. 进入聊天室与人聊天时，遭受陌生人言语暴力的侵害，千万不要与之对骂，那样会正合他意。可以把他列入黑名单或者退出聊天室，保持不与无聊、无耻之人一般见识的平和心态，不让网络流氓得逞。

4. 收到内容不宜的骚扰信件，告知父母，并把该地址存入拒收邮件地址列表。

5. 遵守网络基本礼节，不要出言不逊或做出任何伤害他人的事，做个网络好公民。这要从小做起，为创造我们的网络净土努力。

上网除了上述的危险之外，还有一种危险是来自自身的，那就是上网成瘾。大家可能没有意识到，上网也能得病。那是一种患病人数日益增多的新病症：上网成瘾症。

那是因为上网过多，恋网上瘾或过度沉溺于网上交往，从而影响到身心健康的疾病。据悉，全球10多亿网民中有1亿多人不同程度地患有上网成瘾症。中国科技大学校园网上一篇题为《虚无的恋情》文章中写道："那时我整天泡在网吧里，像吃了鸦片一样，极上瘾，午饭都省了，有时候我都觉得自己神经衰弱了。"

恋网成瘾会导致情绪低落、生物钟紊乱、思维迟缓、孤独感增强，严重的会产生一些自己伤害自己的行为。上网时间长的同学有时会发现自己浑身无力、两眼发直、反应迟钝、生活不规律、茶饭不思等。这就是网络成瘾的一些征兆，应该有所警惕。

网上交往对青少年人格形成也有一定的消极影响。人或多或少都有一点双重或多重人格成分，这是社会化的结果，属于正常现象，但若发展过度，则有可能引起人格分裂。从网上交往来看，有些青少年平时很内向，但在网上却异常积极活跃，下网后往往又变得更加孤独内向，这种"两极化"不利健康人格的形成。过多的网上交往的另一种结果是，使得现实生活中的交往技能和本来的性格弱化。

警惕网络疾病，注意身心健康，我们要做到下列几点。

1. 上网时间一定不能过长。无论是查找资料还是与人聊天，一定要限制时间或定时休息。对我们中学生来说，连续上网不能超过2小时。

2. 给自己制定一个上网的时间计划，上网次数不要多，时间不要太长并让父母监督自己。

3. 无论是多么吸引我们的内容，我们一定要抵住诱惑，留到下一个上网时间段完成。这样不但能锻炼我们的自我控制能力，也能避免上网成瘾。

4. 假如发现自己出现一些上网成瘾的征兆，要及时减少上网时间甚至停止上网，直至征兆减轻。

5. 发现自己上网成瘾的症状较重，要及时告知父母，并与学校的心理咨询老师联系。多与他人沟通，把精力转移到其他有益的活动中去。

安全上网的基本策略

总的来说，我们在网络上容易遇上网络陷阱，是因为一些人利用青少年涉世未深、辨别力不强的弱点。但我们没有必要为此放弃我们这个年龄特有的纯真，也没有必要因噎废食，放弃使用我们的高科技产品，只要我们建立起必要的自我保护意识，端正我们的交友态度，树立道德观念，约束自己的网络行为，正确对待我们的情感，认真学习心理健康知识，就不会留给坏人钻空子的余地。

1. 广大中小学生应该提高安全观念，增强防范意识。现实生活中我们要提高安全观念，保护自己与他人的权益不受侵害，在网络中也不例外，不能因为现在网络法制还不健全而放弃这一点。除了掌握以上的自我保护小招数，以免落入网络陷阱，我们还要随时警惕，一旦发现网络不法分子作案，立即报案，也为健全以后的网络法制做出贡献。

2. 正确处理网上交往与现实交往的关系。网上交往拓宽了我们的交友面。认识到不同层次的朋友确实可以使我们多了解不少在现实生活圈子了解不到的内容。但我们同样应该清楚，只要我们不和网友见面，我们的交往都只是属于精神层面上的交往。网友的一个微笑的符号又怎么比得上妈妈轻柔的抚摸呢?

不要忘记，我们关了电脑，还得回到现实生活中。由于过度沉溺于网上交往而忽略了亲人朋友，结果只会得不偿失。

3. 强化交往道德意识，规范网上伦理行为。由于网络的虚拟性，网上交往的道德约束大大弱化。因而网上交往中存在着大量非道德行为，粗言恶语、人身攻击、"灌水"、交友中的欺骗比比皆是。并且人们对于自己的网上行为缺乏责任感，喜欢纵容自己且不计后果。互联网是个相对自由、宽松的地方，但不等于不要伦理道德。目前，系统的网上伦理道德体系尚未建立，但我们也不能与那些网络流氓一样，使得网络风气进一步恶化。

4. 正确处理网上情感行为。由于网上交往道德约束不强，有些人对自己的网上情感行为也不加约束，甚至毫无责任感，任由感情泛滥。或者有些人对自己的感情缺乏理智的分析，投入感情太深，最终的结果不是对他人造成伤害就是对自己造成伤害。

尽管我们年龄还小，但也应该逐渐学会进行理性、全面的思考，并对自己的感情负起责任来。如果感情陷入太深，无法自拔，可以转向父母或心理老师，向他们寻求解决的方法。

5. 加强心理健康知识的学习。在学校开设的心理健康课上，我们可以学习到一些有助于我们心理健康发展的知识。这些知识不仅可以帮助我们分清什么是不良行为和健康行为，还可以帮助我们防范与克服心理问题。这不仅在现实生活中适用，在对付网络疾病时也同样适用。有了过得硬的心理素质，不但在面对各种网络陷阱时可以保持冷静，出现了网络成瘾的症状后，也可以尽快进行自我调节。所以，加强心理健康知识的学习不失为自我保护的一大法宝。

常见伤情的自我救护知识

应正确处理感冒病情

感冒是一种最常见的呼吸系统疾病，主要症状表现为发冷、出汗、全身酸痛、头痛、骨痛、肌肉痛、疲倦乏力、食欲不振、咳嗽、鼻塞等，传染性强，严重时会引起肺炎及其他并发症。

用于治疗感冒的药物有许多种。由于中成药具有副作用小、疗效好的特点，故很受人们青睐。但临床实践证明，如果中成药选用不当，也可延误病情。中医将感冒分为风寒型感冒、风热型感冒、暑湿型感冒和时行感冒（流行性感冒）4 种类型。根据辨证施治的原则，不同类型的感冒应选用不同的中成药治疗。

1. 风寒型感冒：病人除了有鼻塞、喷嚏、咳嗽、头痛等一般症状外，还有畏寒、低热、无汗、肌肉疼痛、流清涕、吐稀薄白色痰、咽喉红肿疼痛、口不渴或渴喜热饮、苔薄白等特点，通常要穿很多衣服或盖大被子才觉得舒服点。这种感冒与病人感受风寒有关。治疗应以辛温解表为原则。病人可选用伤风感冒冲剂、感冒清热冲剂、九味羌活丸、通宣理肺丸、午时茶颗粒等药物治疗。若病人兼有内热便秘的症状，可服用防风通圣丸治疗。风寒型感冒病人忌用桑菊感冒片、银翘解毒片、羚翘解毒片、复方感冒片等药物。治疗风寒感冒的关键就是需要出点汗（中医称辛温解表），有很多方法的，包括桑拿、用热水泡脚（最好加点酒）、盖上两层被子、喝姜糖水、喝姜粥等等。风寒感冒主治方是桂枝汤，伤寒论首方，也称和剂之王（麻黄汤也主治风寒感冒，但在南方慎用）。

2. 风热型感冒：病人除了有鼻塞、流涕、咳嗽、头痛等感冒的一般症状外，还有发热重、痰液黏稠呈黄色、喉咙痛，通常在感冒症状之前就痛，痰通常黄色或带黑色，便秘等特点。治疗应以辛凉解表为原则。病人可选用香雪抗病毒口服液、感冒退热冲剂、板蓝根冲剂、银翘解毒丸、羚羊解毒丸等药物治疗。风热型感冒病人忌用九味羌活丸、理肺丸等药物。

3. 暑湿型感冒：病人表现为畏寒、发热、口淡无味、头痛、头胀、腹痛、腹泻等症状。此类型感冒多发生在夏季。治疗应以清暑、祛湿、解表为主。病人可选用藿香正气水、银翘解毒丸等药物治疗。如果病人胃肠道症状较重，不宜选用保和丸、山楂丸、香砂养胃丸等药物。

4. 时行感冒：病人的症状与风热感冒的症状相似，但时行感冒病人较风热感冒病人的症状重。病人可表现为突然畏寒、高热、头痛、怕冷、寒战、头痛剧烈、全身酸痛、疲乏无力、鼻塞、流涕、干咳、胸痛、恶心、食欲不振，婴幼儿或老年人可能并发肺炎或心力衰竭等症状。治疗应以清热解毒、疏风透表为主。病人可选用香雪抗病毒口服液、防风通圣丸、重感灵片、重感片等药物治疗。如果时行感冒的病人单用银翘解毒片、强力银翘片、夏桑菊感冒片或牛黄解毒片等药物治疗，则疗效较差。

中毒型流感病人则表现为：高热、说胡话、昏迷、抽搐，有时能致人死亡。因此病极易传播，故应及早隔离和治疗。

杜绝感冒，预防最重要。首先，要做到适当增减衣服；其次，要注意常开窗通风换气，保持室内空气流通，干净清洁，勤晒衣被；第三，坚持锻炼身体，增强体质，提高抗病能力，这才是最有效的办法；第四，"流感"流行期间，尽量不要去人多的地方，避免和流行性感冒患者亲密接触。

患上咳嗽的自我救护

咳嗽是呼吸道感染或受刺激时的明显症状。通过咳嗽可把气管内的异物或分泌物排出体外，以保持呼吸道通畅。呼吸道感染时，如过早应用止咳药物，甚至中枢镇咳剂，会使痰液停滞在气管内，给感染扩散提供条件。所以，早期咳嗽是不宜用镇咳药物的。

　　依据持续的时间和咳出物我们可以判断咳嗽的病因：突发性的咳嗽往往是吸入了异物引起的保护性咳嗽；而感冒引起的咳嗽往往持续数天；通常慢性、持续性的咳嗽多是病理性的，病因可能是吸烟、变态反应、哮喘、气管炎、慢性支气管炎、肺气肿、肺结核、肺癌等。

　　从咳出物的性质、颜色、黏稠度提示我们疾病的性质和严重程度。一般来说，若干咳、腿痛，发热，体温超过39℃，头痛、咽喉痛，可判断为流感；若痰变为黄绿色，则提示病菌已上行感染，多是上呼吸道感染、支气管炎、鼻窦炎等；若咳嗽伴有呼吸困难、喘息、胸闷，可诊断为支气管哮喘；如果咳出粉红色血痰或是黄色铁锈样痰，并伴有胸痛、头痛、发热、呼吸困难，则可能是感染了肺炎。

　　咯血是一种严重症状，如果发生，应立即去看医生。它潜在的病因有可能很严重，也可能并不严重。所以必须去医院作系统检查。有时牙龈出血、鼻出血可能被误以为咯血。咯血一般是鼻腔、咽喉、气管、肺血管破裂所至。最常见的原因是感染，如支气管炎、肺结核、肺炎等，肺癌、血友病也会大量咯血。

　　那么总是咳嗽，我们怎么办呢？

　　1. 发挥机体自身的力量。一般来说咳嗽并非致命疾病，如果只是干咳、鼻塞、喉咙痛等感冒症状，则无需服药，让机体自身的免疫系统来对付就行了。其实，偶尔的感冒对锻炼我们的机体免疫机能不无好处。滥用镇咳药不仅降低机体清洁呼吸道的功能，而且可能会掩盖严重的疾病，这种危害在咳嗽伴有大量咯痰时更为严重。所以，无论使用镇咳药或秘方都不要超过7～10天，最好只是晚上用来缓解咳嗽。

　　2. 有选择的服用药物。一般来说细菌引起的咳嗽可用抗生素来治疗，但病毒性的感冒抗生素不起作用。若感冒病人痰液黏稠，可使用祛痰药以减少痰液分泌。干咳的病人可使用润喉片、甘草片或止咳糖浆来降低机体的易感性，从而缓解咳嗽。但无论使用哪一种药，都不要服用时间太长，而且必须在医生的指导下服用。

　　3. 大量饮水。摄取大量的水分有助于稀化黏痰，使其容易咳出，白开水和果菜汁都是很好的康复饮料，梨汁、西瓜汁、苹果汁、萝卜汁等都是止咳的良药，每天不妨喝它4～5大杯。但注意不要加糖和盐，如果想喝甜

的，可以加一点蜂蜜，蜂蜜有润肺通便的作用，有利于症状的减轻。尽量避免饮用含有咖啡因和酒精的饮料，因为这些饮料有利尿的作用，使体液消耗过快。

4. 保持空气湿润。增加室内的空气湿度有助于减轻咳嗽、喉咙痛、鼻腔干燥等不适，可以使用加湿器或茶壶烧水加湿。

5. 垫高枕头。如果咳嗽让你辗转难眠，有一种缓解的办法可以帮助你。试试将枕头垫高20厘米，侧卧而眠。它可以防止黏液积聚，也可以防止胃中有刺激性的酸性物质返流到食管，进而吸入。

6. 指压治疗。严重的咳嗽可导致上背部肌肉收缩甚至痉挛，此时按压肺经尺泽穴可缓解疼痛。

7. 平衡饮食、补充水分是咳嗽病人辅助治疗的基本要求，平时应注意不要食用辛辣刺激的食物，以免加重病情。同时，还应注意补充蛋白质及各种维生素，以帮助机体早日康复。

❤ 处理皮肤过敏的方法

每逢气候转换、温差悬殊大或温热潮湿的季节，许多人常会发生皮肤过敏的现象。由于种种环境因素，空气中散布的细菌孢子和花粉等致敏物质便会大量释放出几乎遍布人体所有组织的化合物——组织胺，引起鼻塞、打喷嚏、流涕、喉咙发痒、眼皮肿胀等现象，致使某些人出现全身皮肤奇痒、起疹块和鳞屑、脱皮，面部红白不一、斑驳陆离等过敏症。

过敏症是一种文明病。医学上把过敏（变应性）分为4种不同的种类，并以罗马数字I至IV来命名。其中最常见的是I型和IV型。I型有时也被称为"特应性"或者"速发型变应性"。例如，人体在被昆虫蜇伤后几秒钟就会作出反应，动物毛发过敏和花粉过敏在几分钟内就有反应，食物过敏的时间则在30分钟以内。与此相反，IV型过敏的反应则要慢得多，症状要在一天或者几天之后才会出现。例如装饰物过敏和许多类型的职业过敏等。因此，人们把其称为"迟发型变应性"。

对于皮肤过敏，临床多采用抗组织胺类药物治疗。其虽能抑制组织胺释放量，但作用也很有限，对许多过敏症状不起效用，而且还有副作用。

有些抗组织胺剂会令人昏昏欲睡和头脑迟钝。过敏症研究专家认为，最有效措施是寻找出过敏诱发因子，避免再接触这种物质。但要在两万种不同的诱发因子中准确地找到致病的因子，不是件容易的事情。为检测一种物质的致敏反应，医生需要做各种不同的皮肤测试，费时费事。更因为许多致敏物质是不可以完全避免的，比如药物和昆虫等防不胜防。所以，过敏性皮肤的人想拥有完美的皮肤，主要应从日常精心呵护肌肤做起，设法降低皮肤的致敏性，随着日月的推移，人近中年后发病率会逐渐降低。当然，必要时可采用脱敏治疗法。具体讲：

1. 做好皮肤日常护理。皮肤过敏症患者多知道化妆品不能乱用，许多化妆品是致敏原之一。因此，有些过敏症患者就停用了化妆品。这种做法是消极的，恰当地使用化妆品和必要的皮肤护理，可以增强皮肤对致敏原的抵抗力。过敏症患者可借助美容院的正规皮肤测试，判断了解自己的皮肤状况，找出皮肤问题的原因，对症选择合适的化妆品。也可选用抗过敏精华素，做消除敏感的面膜，以降低皮肤对外界的直接反应，强健敏感的细胞膜，以调节和减轻皮肤的敏感，增强皮肤的抵抗力。在气温偏暖季节，过敏症患者常以为外界气温较暖，皮脂腺分泌功能旺盛，而放弃对皮肤的保养，以防皮肤过敏。或是过多地使用洗面奶及去脂力强的洁肤用品。这容易破坏皮脂膜而降低皮肤抵抗力，引发皮肤过敏。许多人皮肤过敏后，又停止了护理保养，致使皮肤水分不足，容易起皱，导致恶性循环。因此，无论寒暑春秋，过敏症患者都要十分小心护理皮肤，除了保持每天3次温水洗脸外，还要用些特效疗肤水、疗肤霜，爽肤、润肤，持之以恒。另外，应保持充足的睡眠和必不可少的运动锻炼，并保持心情舒畅。

2. 采用饮食调理法。过敏症患者要注意饮食营养的均衡，少食用油腻、甜食及刺激性食物、烟、酒等。某些食物也是致敏原，要注意加以辨别。多吃维生素丰富的食物可以增强机体免疫能力。过敏症患者可以多吃一些具有抗过敏功能的食物，加强皮肤的防御能力。根据营养学家的研究，洋葱和大蒜等含有抗炎化合物，可防过敏症的发病。另有多种蔬菜和水果亦可抵抗过敏症，其中椰菜和柑橘功效特别显著。因为其中含有丰富的维生素C，而维生素C正是天然抗组织胺剂，若每天从饮食中摄取1000毫克，就足以防止过敏症的出现。过敏性体质的人血液中游离氨基酸比健康人少，若能增加血液中的游离氨基酸，过敏症的发病率将大大降低。豆浆中这种物质含量最丰富，过敏性体质者最好每天喝些豆浆。

3. 采用脱敏治疗法。对某些症状严重的患者，可求助于医学手段，改变过敏性体质。医生在这种疗法中要用化学方法改变患者血清，使其稀释。向皮下注射改变了的致敏原和乳类、花粉等物质制成的抗原浸液，并逐渐增加致敏原的浓度，以调整人体免疫系统，使过敏者体内产生对过敏物质的抵抗力，从而有效地防止过敏。这种疗法对 I 型过敏患者较为适合。

💝 正确处理伤口的技巧

正确处理伤口，可使伤口迅速愈合，避免局部感染、化脓和并发全身性疾病。因此，中小学生掌握一些处理伤口的知识是十分必要的。

这里说的"伤口"，是专指外伤所造成的伤口。外伤所致的伤口可以是两种形式：表面皮肤、黏膜没有破裂（闭合性伤）；表面皮肤、黏膜有破裂（开放性伤）。如果仅是表面皮肤、黏膜破损，由于没有什么明显的症状，伤者常不以为意。但事实上，皮肤、黏膜的破损已使机体正常的防线出现了缺口。

众所周知，许多足以威胁人类健康和性命的致病微生物和毒物，在人体的皮肤、黏膜完整时，是不能通过皮肤、黏膜侵入人体为害的。例如，麻风病病菌、艾滋病病毒、破伤风病毒……都不可能超越正常的皮肤、黏膜屏障；就连几分钟内可致人死地的蛇毒，对完好的皮肤、黏膜也发挥不了毒性作用。

然而，一个小小的伤口，就足以使上述那些危害人体健康、威胁生命安全的微生物进入体内。大家都熟知的白求恩大夫，在抢救伤员时划破了手指，但他为了抢时间救治伤员，没有及时处理自己受伤的指头，结果细菌就从那小小的伤口侵入他的体内，最终导致白求恩大夫不幸逝世。

1. 表浅擦裂伤，亦须防感染。对于皮肤表浅的切割伤和机械性摩擦伤来说，最简便、有效的消毒药就是碘酊（也叫碘酒）。2% 碘酊是一种十分有效的外用消毒药，它不会腐蚀伤口，用它涂抹伤口时所引起的疼痛是非常短暂的；它对防治伤口化脓感染、真菌感染和病毒感染，都有显著的

作用。

通常可先用凉开水或生理盐水等清洁的水，冲洗伤口局部，再涂以2%的碘酊，或直接用2%碘酊涂抹伤口。然后用消毒敷料包扎伤口或暴露伤口，48小时内避免沾水。如果没有碘酊，也可以涂抹红汞或酒精。但红汞与碘酊不能同时使用，以免中毒。

2. 伤口小又深，要敞开暴露。由尖而长的东西刺入人体组织所造成的"刺伤"，其伤口多数小而深。由于这种伤口深而外口较小，伤口内有坏死组织或血块充塞，是最容易感染破伤风厌氧性芽孢杆菌的，也最有利于形成这些杆菌生长繁殖、产生毒素的"缺氧的环境"。

故对待诸如锈钉刺伤的伤口，除对伤口周围的皮肤用碘酊进行消毒外，应用3%过氧化氢（双氧水）或1‰高锰酸钾溶液，对伤口进行反复冲洗或湿敷，并彻底清除伤口内的异物。

此外，这类伤口不能缝合、包扎，应把创口敞开，充分暴露，从而去除破伤风厌氧性芽孢杆菌生长繁殖的环境。要知道，正确处理伤口，是预防破伤风发生的关键步骤。

在伤后24小时内，皮下或肌肉注射破伤风抗毒素（TAT）1500单位（小孩和成人用量一样，注射前作过敏试验，阳性者采用脱敏法注射），是预防破伤风感染的重要补救措施。

有时候，伤口虽然不深但污染严重，或有皮片覆盖的，也必须做好伤口的清创，不缝合、不包扎伤口。

对于伤口污染严重或在受伤24小时以后，才注射破伤风抗毒素的，则破伤风抗毒素需要用加倍的剂量。预防破伤风的最可靠方法，是在平时注射破伤风类毒素，使人体产生抗体。一般注射3次，有效期可保持10年。

3. 动物抓咬伤，预防毒播散。狂犬病一旦发病，则百分百死亡。所以，被猫、狗抓咬伤后，应立即用大量的肥皂水或淡盐水或清水，反复冲洗伤口；冲洗时间一般要达半小时以上，以尽量减少病毒的侵入。冲洗后可用2%的碘酒以及75%酒精涂抹伤口，但不要包扎，并及早带伤者去注射狂犬病疫苗；此外，必须按规定注射5次。当狂犬病从潜伏期转入前驱期时，再注射狂犬病疫苗就没有效果了。

如被毒蛇咬伤，伤口可能只有几个"牙痕"，但蛇毒已经被注入伤口内。此时必须迅速用止血带或手帕、绳索、布条等，在伤口近心端（指离心脏最近的一侧）5～10厘米处进行绑扎，防止毒素扩散和吸收（但必须每隔30分钟，放松绑扎2～3分钟，以防肢体坏死）。

绑扎后，一是用清水、肥皂水等，冲洗伤口及周围皮肤（有条件时可用双氧水、1‰高锰酸钾溶液冲洗）；二是用小刀按毒牙痕方向，纵切或十字切开皮肤（不要太深，切至皮下即可），以便于排出毒液，如有毒牙残留要挑去毒牙；三是在伤口处用吸奶器、拔火罐吸出毒液（如口唇的黏膜无破损，也可用口吸吮伤口，边吸边吐，再用清水漱口）。必要时还可用火柴直接烧灼伤口，破坏蛇毒。经过紧急处理伤口后迅速到医院，进行抗蛇毒血清等治疗。

4. 伤口内异物，应分别对待。异物残留伤口内易致化脓感染。对于伤口内的异物，一般是先将伤口消毒干净，用消毒过的针及镊子，将异物取出，再消毒、包扎伤口。但自己在家中处理伤口时，对伤口内的异物则要谨慎分别对待。

❤ 流鼻血时的自救技巧

流鼻血的原因很多，但是约有一半人找不出原因。鼻腔黏膜中的微细血管分布很密，是很敏感且脆弱的，容易破裂而致出血。流鼻血，医学称"鼻衄"，多由于"肺燥血热"，引起鼻腔干燥，毛细血管韧度不够，破裂所致。如不及时治疗，迁延发展，将会产生严重的后果，如鼻黏膜萎缩、贫血、记忆力减退、视力不佳、免疫力下降，甚至会引起缺血性休克，危及生命。

中医认为流鼻血是由于人的气血上逆导致的。鼻属于肺窍，鼻子出现病症，一般来说，与肺和肝等部位出现异常有着很大的关系。当人的气血上升，特别是肺气较热时，人就会流鼻血。肺气过热时，人的眼底也会带血或出血。上火和流鼻血的原因是一样的，都是气血上逆导致的结果，但上火不是导致鼻子出血的原因。

当鼻腔过于干燥时，里面的毛细血管就会破裂，导致流血。从临床上来看，90%的流鼻血现象都属于血管破裂导致的血管性流血。对此，患者不用太紧张，大多数情况下可以自行处理，及时止血即可。

中小学生流鼻血还与劳累、运动等有关。特别是中小学生爱运动，经常是在运动时，鼻子突然就流起血来。此外，流鼻血也可能因遇事不够淡定，头部供血迅速增加，而鼻腔内部有丰富的毛细血管，在血流增加的情况下容易破裂，从而造成鼻血。一般情况下，这些出血症状，患者自行止血即可。当然，也有可能是因为其他一些严重疾病而引发流鼻血，如肾病、尿毒症、高血压、脑溢血前兆、血友病等疾病。如果多次或长时间流鼻血，应及时就诊。因此，毫无征兆，突然流鼻血者最好去医院做一下检查，及早排除鼻腔肿瘤之类的病变。

一般情况下，鼻腔血管破裂性流血并不需要特别治疗。既然鼻子出血与肺热有关，人就应该在饮食，生活上尽量避免导致肺热的情形发生。要少喝酒，少吃辛辣的食物，少吃一切可能生热的食物。相反，可以多吃一些如苦瓜、绿豆汤、西瓜、冷饮等清热降火的食物。取冬桑叶 3 克，加上白茅根和麦冬，再适当加一些甘草，用来泡水喝，可以达到清热降火的目的。

为什么在冬天流鼻血特别严重？这主要是在寒冷的天气下，我们喜欢吃一些热腾腾的食物，在进食时，阵阵的热气会令鼻腔内的血液加速运行，若鼻黏膜天生较薄或曾经受伤，则容易流鼻血。此外，在寒冷干燥的环境下，我们需要更多血液流经鼻腔，以提高温度和湿度，鼻黏膜的微丝血管因而容易充血，引致流鼻血。

从中医学的角度来说，流鼻血的成因可分为燥热及虚弱两类。如果你除经常流鼻血外，亦患有鼻敏感，流出黄色或绿色的鼻涕，又或嘴唇经常殷红、有口气，便是很燥热。首先当然要清热，更重要的是平日不要让他吃过量香口的食物，零食如巧克力、曲奇饼、薯条等，亦非常燥热，应尽量少吃。

如果流鼻血了怎么办呢？

1. 首先要尽力镇定自己的情绪，切勿慌乱，在止流之前应先将血块擤出，以免因伤口无法闭合而无法止血。

2. 头部应该保持正常直立或稍向前倾的姿势，使已流出的血液向鼻孔外排出，以免留在鼻腔内干扰到呼吸的气流。

3. 用手指由鼻子外面压迫出血侧的鼻前部（软鼻子处），就像一般以手夹鼻子的做法，直接压迫约 5～10 分钟。大部分病人都可以此种方法简单地来止血。而另一侧未流血的鼻孔仍可通畅地呼吸。

4. 如果压迫超过了 10 分钟后血仍未止，则可能代表着严重的出血，或有其它问题存在着，此时就须要送医做进一步的处置。

5. 左（右）鼻孔流血，举起右（左）手臂，数分钟后即可止血；左（右）鼻孔流血时，另一人用中指勾住患者的右（左）手中指根并用力弯曲，一般几十秒钟即可止血；或用布条扎住患者中指根，左（右）鼻孔流血扎右（左）手中指，鼻血止住后，解开布条。

6. "冰敷额头"的作用是希望借额头的皮肤遇冷时，能达到鼻部血管收缩以止血，但其效果并不好，因为距离出血的鼻孔部位太远，且局部过于冰冷会引起头部不适，所以正确的方法是可直接冰敷在"鼻根"及"鼻头"（即整个鼻子）上面。

崴脚后应该怎样处理

崴脚，是中小学生在生活中经常遇到的事情，医学上称作"足踝扭伤"。这种外伤是外力使足踝部超过其最大活动范围，令关节周围的肌肉、韧带甚至关节囊被拉扯撕裂，出现疼痛、肿胀和跛行的一种损伤。

由于正常踝关节内翻的角度比外翻的角度要大得多，所以崴脚的时候，一般都是脚向内扭翻，受伤的部位在外踝部。不少人是先使劲揉搓疼痛的地方，接着用热水洗脚，活血消肿，最后强忍着疼痛走路、活动，为的是防止"存住筋"。但实践证明，这样处置崴伤的脚是不妥当的。

因为局部的小血管破裂出血与渗出的组织液在一起会形成血肿，一般要经过 24 小时左右才能修复，停止出血和渗液。如果受伤后立即使劲揉搓，热敷洗烫，强迫活动，势必会在揉散一部分瘀血的同时加速出血和渗液，甚至加重血管的破裂，以致形成更大的血肿，使受伤部位肿上加肿，痛上加痛。人们常说的"存住筋"，实际是损伤以后软组织发生粘连，影响了功能活动。这种情况一般出现在损伤的中后期。所以，受伤后几天内的活动受限，一般都是因为疼痛使活动受限，而不是粘连所致的"存住筋"。

那么，崴脚以后怎样处置才正确呢？

1. 分辨伤势轻重。轻度崴脚只是软组织的损伤，稍重的就可能是外踝或者第五跖骨基底骨折，再重的还可能是内、外踝的双踝骨折，甚至造成三踝骨折。轻的可以自己处置，重的就必须到医院请医生诊断和治疗。所以，分辨伤势的轻重非常重要。一般来说，如果自己活动足踝时不是剧烈疼痛，还可以勉强持重站立，勉强走路，疼的地方不是在骨头上而是筋肉上的话，大多是扭伤，可以自己处置。如果自己活动足踝时有剧痛，不能持重站立和挪步，疼的地方在骨头上，或扭伤时感觉脚里面发出声音，伤后迅速出现肿胀，尤其是压痛点在外踝或外脚面中间高突的骨头上，那是伤重的表现，应马上到医院去诊治。假如限于条件一时去不了医院，也可以暂时按照下列办法处置，然后尽快到医院诊断治疗。

2. 正确使用热敷和冷敷。热敷和冷敷都是物理疗法，作用却截然不同。血得热而活，得寒则凝。所以，在破裂的血管仍然出血的时候要冷敷，以控制伤势发展。待出血停止以后方可热敷，以消散伤处周围的瘀血。细心的同学一定要问，怎么才能知道出血停止了没有呢？原则上是以伤后24小时为界限，还可以参考下面几点：一是疼痛和肿胀趋于稳定，不再继续加重；二是抬高和放低患脚时胀的感觉差别不大；三是伤处皮肤的温度由略微高于正常部分，变成相当差不多，这些都可作为出血停止的依据。

3. 适当活动。在伤后肿胀和疼痛进行性发展的时候，不要支撑体重站立或走动，最好抬高患肢限制任何活动。待病情趋于稳定时，可抬高患肢进行足踝部的主动活动，但是禁做可以引起剧痛方向的活动。等到肿胀和疼痛逐渐减轻时，再下地走动，时间宜先短一些，待适应以后慢慢增加。

4. 正确按揉。在出血停止前，以在血肿处做持续的按揉为宜，方法是用手掌大鱼际（手掌正面拇指根部，下至掌跟，伸开手掌时明显突起的部位）按在局部，压力以虽疼尚能忍受为宜。时间是持续按压2～3分钟再缓缓松开，稍停片刻再重复操作。每重复5次为一阶段，每天做3～4个阶段较合适。出血停止之后做揉法，用大鱼际或拇指指腹对局部施加一定压力并揉动，方向是以肿胀明显处为中心，离心性地向周围各个方向按揉，每次做2～3分钟，每天做3～5次。

5. 合理用药。出血停止以前，不宜内服或外敷活血药物，可用"好得快"喷洒伤处，内服云南白药。出血停止以后，则宜外敷五虎丹，内服跌打丸、活血止痛散等。后期可用中草药熏洗。如果手边没有中成药，也可以把面粉炒黄，用米醋调和敷在患处，来代替五虎丹，效果也比较理想。用一小撮花椒，一小把盐煮水熏洗，代替中草药效果也不错。

蚊子叮咬的处理措施

蚊子的唾液中有一种具有舒张血管和抗凝血作用的物质，它使血液更容易汇流到被叮咬处。被蚊子叮咬后，被叮咬者的皮肤常出现起包和发痒症状。几乎每个人都有被蚊子"咬"的不愉快事，事实上应该说被蚊子"刺"到了。蚊子无法张口，所以不会在皮肤上咬一口，它其实是用6支针状的构造刺进人的皮肤，这些短针就是蚊子摄食用口器的中心。这些短针吸人血液的功用就像抽血用的针一样；蚊子还会放出含有抗凝血剂的唾液来防止血液凝结，这样它就能够安稳地饱餐一番。

当蚊子吃饱喝足、飘然离去时，留下的就是一个痒痒的肿包。但是，痒的感觉并不是因为短针刺入或唾液里的化学物质而引起的。我们会觉得痒，是因为我们体内的免疫系统在这时会释出一种称为组织胺的蛋白质，用以对抗外来物质，而这个免疫反应引发了叮咬部位的过敏反应。当血液流向叮咬处以加速组织复原时，组织胺会造成叮咬处周围组织的肿胀，此种过敏反应的强度因人而异，有的人对蚊子咬的过敏反应比较严重。

夏暑期间，气候异常闷热和潮湿，生活环境中的蚊子多起来了。无论同学们在学习或入睡时，都会受到蚊子的侵扰。下面给同学们介绍一些驱蚊的方法。

选用质量好的蚊香。那么，怎样才能知道蚊香的质量好与坏呢？请在选购时，不管它是机制盘香、无烟盘香，还是熏蒸型的电热固体蚊香、液体蚊香等，都要认准在蚊香的包装上，要印有卫生部批准生产的许可证编号，以防买进含有毒物质的低劣蚊香；蚊香使用的主要原料成分，应是合成除虫菊和天然除虫菊，点燃后没有刺激性异味。一般在点燃1小时后，蚊子即昏昏然，不再叮咬人了。只有质量上乘的蚊香，才能达到既对人体无害，又能驱蚊的目的。

发挥蚊香的有效作用，掌握蚊香的点燃时间。蚊子一般喜欢在日落后出来活动咬人。所以，可在日落后的半小时，点燃蚊香，使房间内空气有一定药量，把蚊子驱赶出去，或使它中毒，不再叮咬人。另外，点燃后的蚊香，应该放在地上（即低处），使药物随着空气的流通自然扩散。而且要放在避免直接吹到风的位置，这样，可防止药物被风一吹而过，失去效力。

通过吃的食物达到驱蚊的目的。什么食物呢？那是大蒜。大蒜吃到肚中，又如何能在体外达到驱蚊效果呢？那是因为人在进食了大蒜后再出汗，身上便有一种大蒜气味。蚊子不喜欢这气味，便远远地躲开了。

在屋内放置有刺激性异味、有浓烈香味的东西，达到驱蚊的目的。例如，放上几盒开了盖的清凉油；又如在房间内，放上几盆盛开的木本夜来香，效果也好。真是屋中香花一盆，蚊虫逃之夭夭。再有在身体上擦些驱蚊剂之类香水、油剂，也会有驱蚊的作用。

如果被蚊虫叮咬了，切忌乱抓乱挠，否则容易造成细菌感染。专家建议，可采取以下方法止痒：

1. 一般人被蚊子叮咬后，都会出现红肿、痒、痛等症状，这时可用碱性物质进行缓解，比如，可用氨水止痒，也可将香皂蘸水在红肿处涂抹，这样能在数分钟内止痒。

2. 如果叮咬处很痒，可先用手指弹一弹，再涂上花露水、风油精等。

3. 用盐水涂抹或冲泡痒处，这样能使肿块软化，还可以有效止痒。

4. 可用芦荟叶中的汁液止痒。被蚊子叮咬后红肿奇痒时，可切一小片芦荟叶，洗干净后掰开，在红肿处涂擦几下，就能消肿止痒。

应正确处理昆虫蜇伤

蜂的种类有很多，如蜜蜂、黄蜂、大黄蜂、土蜂等。雄蜂是不伤人的，因为它没有毒腺及蜇针；刺人的都是雌蜂（工蜂），雌蜂的腹部末端有毒腺相连的蜇针，当蜇针刺入人体时随即注入毒液。蜜蜂蜇人时，常将其毒刺遗弃于伤处；而黄蜂刺人后则将蜇针缩回，还可继续伤人。蜂类毒液中主要含有蚁酸、神经毒素和组织胺等，能引起溶血及出血，对中枢神经系统具有抑制作用，还可使部分蜇伤者发生过敏反应。

人被蜂蜇伤后，轻者仅局部出现红肿、疼痛、灼热感，也可有水泡、瘀斑、局部淋巴结肿大，数小时至1~2天内自行消失。如果身体被蜂群蜇伤多处，常引起发热、头痛、头晕、恶心、烦躁不安、昏厥等全身症状。蜂毒过敏者，可引起荨麻疹、鼻炎、唇及眼睑肿胀、腹痛、腹泻、恶心、呕吐，个别严重者可致喉头水肿、气喘、呼吸困难、昏迷，终因呼吸、循环衰竭而死亡。

一旦我们被蜂蜇到了，可采取以下措施处理：

1. 立即在被蜇局部寻找到蜂针并用消毒针将毒蜂叮在肉内的断刺剔出，再用力掐住被蜇伤的部分，用嘴反复吸吮或用拔火罐，减少毒素的吸收。

2. 局部用3%氨水、5%碳酸氢钠溶液，如果身边暂时没有药物，可用肥皂水充分洗患处，然后再涂些食醋或柠檬。对黄蜂蜇伤则不用上药而局部涂以醋酸或食醋即可。

3. 可在伤口周围涂南通蛇药或在下列草药中任选一种捣烂外敷，如紫花地丁、半边莲、七叶一枝花、蒲公英等。

4. 万一伤者发生休克，在通知急救中心或去医院的途中，要注意保持伤者的呼吸畅通，并进行人工呼吸、心脏按摩等急救处理。

接下来我们说一说蝎子。蝎子是常见的有毒虫类。蝎毒液是由一对卵圆形、位于球形底部的毒腺所产生，毒腺的细管与钩针尖端的两个针眼状开口（毒腺孔）相连。每一个腺体外面包有一薄层平滑肌纤维，借助肌肉强烈的收缩，由毒腺射出毒液，用以自卫和杀死捕获物。

被蝎子蜇伤后，立即用带子扎紧被蜇处的近心端，如手指被蜇伤，捆扎指跟部，手腕被蜇伤，则捆扎肘部（这样做，可以防止蝎毒随血液进入心脏），然后拔出毒刺；用手将伤口内的毒液挤出。然后选择下述方法做进一步处理：

1. 蝎毒是酸性的，可在伤口处涂以氨水、浓肥皂水或碱水。

2. 用苏打水或5%的高锰酸钾液洗涤或浸泡，效果也不错。

3. 取少许硫磺研成末，用纸卷成烟卷状，点燃后熏患处，可以止疼。

4. 大青叶10克，薄荷叶10克，马齿苋10克，一起捣烂敷于患处。

5. 取大蜗牛1只，连壳一起捣烂，敷于患处。

6. 煤油少许，碱面若干，调匀涂擦患处。

7. 金银花 6 克，紫花地丁 6 克，板蓝根 6 克，土茯苓 6 克，牵牛花 3 克，甘草 3 克，水煎服，每日 1 剂，每剂分 2 次服用，连服 2~4 剂。

8. 也可以在伤口周围涂擦南通蛇药。主要是对症处理，可口服抗过敏药物，如扑尔敏、息斯敏、苯海拉明等。

如果伤者是幼儿或被蜇伤者中毒严重，对过敏反应严重有休克，按前面所述方法进行处理后，应尽快将患者送医院进一步诊治。

谨防运动中发生骨折

骨折是运动创伤中较为严重的伤害事故，它是指由暴力引起的骨的完整性或连续性被破坏所致，通常多发部位为四肢长骨。骨折按其伤口有无和外界相通，可分为闭合性骨折和开放性骨折；按照骨折部位有无完全断裂，又可分为完全骨折和不完全骨折。一般在运动创伤的骨折中，较多的是闭合性完全骨折。

骨折的发生，有因直接暴力作用而引起的，如在参加足球比赛时，小腿被人猛踢一脚，而发生胫骨骨折，也可由于间接暴力所致，如自高处摔下，手撑地而引起肱骨骨折。无论是何种原因引起的骨折，发生时往往都会有骨断裂和骨擦音，肢体形态也会发生改变，骨折部位疼痛，严重骨折（如股骨骨折），疼痛剧烈、持久，甚至引起休克。骨折时，由于周围血管及软组织的损伤，会出现肢体肿胀。还可能发生内脏破裂、神经或大血管损伤及休克等并发症。因此，骨折发生后必须及时进行急救处理，以抢救生命、保护肢体，使之能安全而迅速地护送到医院做复位治疗。

那么，如果有同学在运动中发生了骨折应该怎么办呢？

1. 止痛抗休克。骨折发生后，如疼痛剧烈持久，易造成休克。此时伤者神志不清，呈昏迷状态，应马上进行急救处理。其方法是扶伤者躺下，头部略放低，下肢抬高，以增加头部供血量，同时要注意保暖，可让其服去痛片止痛；如果伤者昏迷不醒，可以通过掐人中、合谷穴使其苏醒。

2. 伤口处理。开放性骨折的伤口要覆盖、包扎。由于人体的骨髓

中充满了血液，骨质中还含有丰富的血管。骨质出血时，其血管裂口不像软组织那样可以收缩变小，因而，出血量会比较多。当患者发生闭合性骨折时，虽然在外观上看不出有血液流出，但实际上血液已淤积在断骨的周围。

据估计，人体骨盆骨折的出血量可超过其总血量的80%。开放性骨折或伴有软组织损伤患者的出血量会更多。突然的大量出血会严重威胁患者的健康和生命。因此，对骨折的患者进行急救时首先要止血。若发生大出血时，要先止血；在包扎搬动伤肢时要适当牵引，动作要轻，不得使骨折肢体发生位移。

3. 固定伤肢，注意搬运。骨折后，要就地固定。固定前，不要无故移动伤肢。人体脊柱有椎管和马尾神经。当脊柱发生骨折时，患者极易出现身体某些部位的瘫痪，如胸腰段骨折时常引起截瘫；颈椎骨折时除了瘫痪部位升高外，还会引起呼吸肌麻痹，甚或威胁生命。此外，由于骨骼的附近常有神经走行，患者发生骨折后，其神经就会受到挫伤或嵌压，进而影响局部组织或器官的功能，出现局部的感觉丧失，以及所支配肌肉的瘫痪。

所以，在搬运骨折尤其是脊柱和四肢骨折的患者时，更要特别小心。在搬运疑有脊柱骨折的患者时，应几个人一起配合将其放在硬担架或门板上，以保持患者身体平直。当患者的长管状骨骨折时，由于骨髓腔中含有大量的脂肪。不恰当的搬运会使大量的脂肪溢出并进入血管，使患者形成肺栓塞、脑栓塞，从而引起气急、胸痛、紫绀、发热、休克、昏迷等症状。

此外，不正确的搬动方法还可造成患者的骨折断端对神经及血管的损伤。因此，患者发生四肢骨折时，应尽量不要搬动，可就地取材用夹板或代用品做简单的固定后再迅速将患者送往医院，以避免患者出现骨折并发症。

4. 有开放伤时要尽早手术。当患者发生开放性骨折时，由于伤口容易被污染，所以，患者常常会因为疼痛、失血，而使抵抗力降低。假如伤口得不到及时的清理，就容易形成化脓性感染并导致败血症或骨髓炎等病症。因此，患者一旦出现开放性骨折应尽快进行手术治疗，并使用抗生素和破伤风抗毒素。

一般情况下，骨折的患者被送往医院，经复位、石膏或夹板固定等方法后多可逐渐康复。但患者在治疗的过程中，一旦发现骨折部位的皮肤由红变紫或起水疱、活动时疼痛剧烈或感到麻木时，一定要请医生检查，以免出现严重的后果。

烧伤处理与自救方法

烧伤是由高温、化学物质或电引起的组织损伤。烧伤的严重程度取决于受伤组织的范围和深度，烧伤深度可分为Ⅰ度、Ⅱ度和Ⅲ度。

Ⅰ度烧伤损伤最轻。烧伤皮肤发红、疼痛、明显触痛、有渗出或水肿。轻压受伤部位时局部变白，但没有水疱。

Ⅱ度烧伤损伤较深。皮肤水疱，水疱底部呈红色或白色，充满了清澈、粘稠的液体。触痛敏感，压迫时变白。

Ⅲ度烧伤损伤最深。烧伤表面可以发白、变软或者呈黑色、炭化皮革状。由于被烧皮肤变得苍白，在白皮肤人中常被误认为正常皮肤，但压迫时不再变色。破坏的红细胞可使烧伤局部皮肤呈鲜红色，偶尔有水疱，烧伤区的毛发很容易拔出，感觉减退。Ⅲ度烧伤区域一般没有痛觉。因为皮肤的神经末梢被破坏。

烧伤后常常要经过几天，才能区分深Ⅱ度与Ⅲ度烧伤。

1. 轻度烧伤应尽可能立即浸泡在冷水中。化学烧伤应用大量的水长时间冲洗。在诊所或急诊室，应用肥皂和水仔细清洁创面，去掉所有的残留物。如果污物嵌入较深，可在局部麻醉下，用刷子擦洗。已破或容易破的水疱通常都要去掉。创面清洁后，才能涂敷磺胺嘧啶银等抗生素软膏。

常用纱布绷带来保护创面免受污染和进一步创伤。保持创面清洁非常重要，因为一旦表皮损伤就可能开始感染并很容易扩散。抗生素可能有助于预防感染，但不一定都需要。如果未接种过疫苗，应注射破伤风抗毒素。

上肢或下肢烧伤，应让它保持在比心脏高一点的位置，以减轻水肿。只有在医院才有可能保持这种体位，那里的病床部件可以升起和用来作牵引。如果是关节部位的Ⅱ度或Ⅲ度烧伤，必须用夹板固定关节，关节活动可使创伤恶化。很多烧伤病人都需要止痛剂，通常是麻醉药，至少要用几天。

2. 威胁生命的严重烧伤需要立即治疗，最好到有烧伤专科的医院治疗。急救人员应用面罩给伤员输氧，减轻火灾中一氧化碳和有毒气体对伤员的影响。在急诊室，医护人员应保持伤员呼吸通畅，检查是否另外有威胁生命的创伤，并开始补充液体和预防感染。有时严重烧伤病人需要送入高压氧舱治疗，但不是普遍应用，而且，必须在烧伤后24小时内进行。

如果在火灾中，呼吸道和肺部灼伤，可用气管插管帮助呼吸通畅。是否需要插管可根据呼吸的频率等因素决定，呼吸太快或太慢都不能使肺有效吸入足够的空气和把足够的氧输送到血液中去。面部烧伤或喉头水肿影响呼吸需要插管。有时在封闭空间或爆炸引起的火灾中，烧伤的人鼻和口内发现烟灰或鼻毛烧焦，怀疑有呼吸道灼伤时，也需要插管。呼吸正常时，用氧气面罩给氧。

创面清理干净后，涂敷抗生素软膏或油膏，然后用消毒纱布覆盖。每天更换纱布两三次。深度烧伤很容易引起严重感染，应静脉输入抗生素。根据伤员以前免疫接种情况，确定是否需要注射破伤风抗毒素。大面积烧伤可引起威胁生命的体液丢失，必须静脉补充液体。深度烧伤可能引起肌球蛋白尿，这是因为肌球蛋白从受伤的肌肉中释放出来损害肾脏。如果液体补充不够，就会引起肾衰竭。

烧伤的皮肤表面形成较厚的硬壳，称为焦痂，它逐渐紧缩影响创面的血液循环。如果创面围绕上肢或下肢，焦痂使血液循环受限可能产生严重后果。应切开焦痂松解下面的正常组织。为减少瘢痕和尽可能保留功能，常常需要物理治疗和固定疗法，尽早将关节用夹板固定，保持在功能位置，以防肌肉和皮肤过度紧张、挛缩。夹板一直保留到创面愈合。

如果创面很小（不大于硬币）只要保持清洁，甚至深度烧伤，也可能自愈。如果下层真皮受损面积较大，常常需要植皮。植皮需要的健康皮片，可以取自烧伤病人自身未烧伤的部位（自体植皮），也可取自其他活人或尸体（异体植皮）或其他种类的动物（异种植皮），常用猪皮，因为它与人皮很相似。自体植皮是永久性的，取自其他人或动物的植皮是暂时性的，是在创面愈合过程中为保护创面而采取的措施，10～14天后就要被身体排斥。植皮前，用各种方法进行关节锻炼，增加活动能力，保持正常关节的活动范围。植皮术后，植皮部位应用夹板固定5～10天，植皮成功后再恢复锻炼。在烧伤愈合期间，病人要消耗较多热量与营养。进食困难的人可以饮营养液或用鼻饲管管饲。

严重烧伤需要很长时间才能愈合，有的甚至需要几年时间，因此，病人可能变得非常沮丧。大多数烧伤中心都通过社会工作者、精神科医生和其他人员给这类病人提供心理支持。

应对突发灾害的自救技巧

学习自救技巧很必要

据世界卫生组织的有关资料显示，目前全世界每年的创伤病人中，其中有1/5是因为创伤后没有得到及时的现场救治而死亡，而在突发性疾病的死亡病例中，有接近1/2的病人是在发病最初几小时内死亡，其中的3/4又是因为来不及到医院就诊而死于家中或现场，原因是在疾病发生时，不能得到迅速及时的抢救，而并非是病情开始即已发展到不可挽回的致命程度。

有这样一个故事，在炎热的夏天，父母们都去上班了，一群放暑假的孩子们就闲在家里没有人管。有一天，天气特别闷，而对于好动的孩子来说，更是酷热难耐，于是16岁的小勇就与几个同学一起约好去游泳，当时小勇13岁的小表弟阿明也在，小勇就把阿明也带去了。

一行人很快就到了当地的水库，小勇的游泳技术很好，玩得十分高兴。而13岁的阿明本来在岸边看着他们玩，在边上湿了湿脚。谁知没留神他的鞋子漂走了，阿明就跟着追，越走越深。不小心绊了一下，呛了几口水，就慌张起来，喊了两声往下沉。小勇看见了，赶紧过来抢救。他正面去拖阿明，一下子被乱踢乱打的阿明缠住。

瘦小的阿明此时力气大得很，反而拽着小勇往下沉。一帮同学吓坏了，陆续赶来救援。过了好一阵儿，才把两人捞起来，送到岸上。两人已经昏迷不醒，大家也不知道怎么办，想喊人帮助，周围又没有大人。后来有人想起来应该"倒水"，折腾了半天，小勇慢慢醒过来了。可是阿明却永远也救不过来了。

其实，小勇、阿明两个人要是有一点的安全急救意识，两个人就不会得到这样的结果，由此可见掌握一些家庭急救护理常识，对自己、对家人、对他人、对社会都是非常有益的，也有可能挽救生命和减少伤残。

在急救中，青少年应该要有保护自己的意识，同时也要有施救于别人的勇气和能力，其中最应该需要克服的就是临时慌乱情绪。急救的原则是及时、准确、有效，以赢得宝贵时间，等待救护人员到来。首先在确保自己的同时，再救助别人。要讲究急救的正确方法，否则自己搭进去了，救别人也成空谈。急救训练主要在于特定情况下的不同方法，以下列举了青少年可能遇到的一些紧急情况。

1. 触电的急救方法。自己不小心触电，可用另一只空出的手迅速将电线从手中拉出，解脱触电状态。如果触电时电器固定在墙上，则可身体向后倒，借助身体的重量和外力摆脱电源。一般若不是碰上高压电，在触电后的最初几秒钟内，人的意识并未丧失。

因为交流电可引起肌肉持续痉挛，所以手部触电后会出现一把抓住电源，而且越抓越紧的现象。能够自我解脱的触电者一般不会出现后遗症。发现别人触电，同学们要牢记绝不可用手直接去拉触电者。因为人体是导电的，一拉两人就一起触电难以摆脱了。

正确方法是马上切断电源，或用绝缘物将电线挑开，拉开触电者。触电者脱离电源后往往神志不清，救助者应立即让伤者头向后仰，为其进行心肺复苏。

2. 煤气中毒的急救方法。同学们应记住第一反应是尽力打开或砸开窗户透气。发现别人煤气中毒，立即切断煤气。将中毒者平放卧床，保暖；重度患者试用人工呼吸及胸外心脏按摩。

3. 中暑的急救方法。将病人迅速脱离高热环境，移至通风好的阴凉地方，解开衣扣，让病人平卧，用冷水毛巾敷其头部，扇扇子。可以根据现场环境特点，采取冷水、冰水降温或药物降温。给其喝凉盐开水或其他的清凉盐水。必要时进行人工呼吸。

4. 溺水的急救方法。抢救溺水之人时最好从后面抱住，不得已可将其打晕再营救，以免被溺水者缠住把两人都带下去。另外，青少年救人要量

力而行，尽量呼叫大人来帮忙。把人救上岸后，以最快速度撬开口腔，除去口鼻的污物，将舌头拉出口外，并松解衣带。救护的人取半跪的姿势，将溺水者的腹部放在膝盖上，要注意此时应该保持被救者头朝下的姿势，并拍打背部，倒出呼吸道及肺部的积水。如还不能恢复呼吸，应立即做人工呼吸。没有脉搏时，应同时进行心脏按压，一般心脏按压要持续两三个小时。另外，等溺水者清醒之后，应注意保暖。先换上干衣服，按摩四肢来促进血液循环。

5. 人工呼吸的方法。首先在患者的一侧，一手捏住患者的鼻孔，另一手托起患者的下巴。其次，用嘴对准患者的嘴，深呼吸后快速有力地将气体吹入，当患者的胸部扩张、鼓起来之后停止吹气，让胸部自然缩回，肺内气体逸出。反复进行，直到患者呼吸恢复为止。当患者恢复微弱的自主呼吸后，仍要按他的呼吸节律吹气，或隔一两次进行一次来辅助，直到呼吸完全恢复正常。

6. 心脏按压的方法。确定心跳完全停止时，将患者放在硬板床、硬木板或平整的地面上，仰卧。首先站在患者的一侧，两手掌重叠放在胸骨正中 1/3 处，用力向下按压，使胸部下陷 3~5 厘米，然后迅速完全放松，但手不要离开患者胸部，不要挪位。等胸廓恢复到原位再按压，再放松，反复进行到恢复心跳为止。按压频率为成人每分钟 60~80 次，儿童则是每分钟 80~100 次。成人按压需两只手，儿童只用一只手，用力为成人的 1/2。

应对火险火灾的技巧

我们在前文中已经讲了一些预防火灾的知识，但是如果火灾还是不幸发生了，同学们应该如何自救呢？

遇有火灾发生一定要沉着镇静，慌乱往往使人手足无措。面对火灾，能扑救的立即扑救，无法扑救时要注意实施有效自救；同时呼喊邻居并拨打"119"火警电话。一般来说，平房起火容易脱身，将衣被用水淋湿裹在身上即可设法冲出大火。楼房起火的自救难度要大得多。

1. 如果是自家房间内起火，则要判明是哪一个房间？房内陈设状况如何？若有人在内，要设法救出。若无人在内，则不要随便去开门窗，因为房间密闭时，空气不流通，室内供氧不足，火势发展缓慢，而一旦门窗打开，新鲜空气涌入，则火势就会大作。若房间内只见烟雾未见明火时，可以轻轻开门，迅速扑救；若已见火光，则说明火势较大，不能随便进入，而必须作好充分准备。开门时要站在门的外侧面，以免火焰从门缝突然窜出造成烧伤。

2. 如果是楼道起火，自家尚未起火，需赶快关闭自家通向燃烧区的门窗，阻隔空气流通，阻止火势向自家蔓延，延长抢救时间。若发现楼内火势难以控制时，应尽快设法撤离并报警，并匍匐行动、呼救，切不可钻床底、衣橱或阁楼。若起火处位于自己的上层，此时应向楼下逃离。若起火处在自己的下层，且火烟已封锁了向下逃生的通道，应尽快向楼顶或其他楼层撤离。一般来说，楼顶宽敞，如遇水箱还可以将衣服打湿以抗熏蒸，同时发出求救信号，等待救援。切不可盲目跳楼逃生，更不可乘坐电梯。如果所有安全通道被切断，这时唯一的选择是退守卫生间。要关好卫生间的门窗，缝隙堵严，在浴缸内放水、贮水，一方面为门窗淋水降温，另一方面可以在浴缸中保护身体。若无浴缸贮水，应将衣物浸湿堵住门窗，并以湿毛巾捂住口鼻。

3. 如果身上衣服着火，不可跑动，否则火势会增大。而应当就地打滚，压灭火苗，或脱掉衣服灭火。

4. 如果遇到影剧院、歌舞厅、商场起火：（1）辨认自己所在方位和安全通道，听从现场工作人员指挥，防止人多拥挤而影响逃离。（2）可以利用现场物品自制救生器材，例如，可以结成长绳，拴牢一端，顺绳滑下。（3）尽快发出求救信号。若遇烟雾太大或断电，应沿墙壁摸索前进，或向着新鲜空气流进的方向前进。逃生时要弯腰或匍匐行进。

怎样战胜绑架得安全

由于这种情形是发生在附近没有什么人的时候，大声呼救不仅无济于事，反而还会引发坏人的凶性，做出伤害被绑架者的恶行。因此，不要盲目行事，不要害怕，必须保持冷静。要意识到这是对方试图绑架你的征兆，并仔细分析自己的处境想出对策。例如，你可以假装顺从对方，趁其不备时立即逃跑；也可以尽量与要带你走的人周旋，拖延时间，使得路过的人能够发现，并赶来援助。在这种情况下尽管无法呼救，也应尽力给他人发出信息，使别人知道你被绑架了。比如，故意丢下书包或扔下身上带的一些东西（如项圈、手链等），这样其他人若是经过的时候，将会发现出了事故，从而想办法来救。

绑架的原因多种多样，有的是以孩子做人质，向富裕家庭的家长勒索钱财；有的是与家长发生某种经济纠纷，以绑架孩子为手段逼迫对方让步，等等。

绑架者一般是做了充分准备的。他们常常选择孩子放学回家的路上，而且周围又没有多少人的时候实施突然袭击。为了最大限度地减少身体伤害和财物损失，被绑架者要注意做到以下几点：

1. 要了解绑架者的心中所想。人质在绑架者心中是其自身安全与谈判达到目的的唯一筹码，因此总希望人质活着，不到万不得已，他不会自毁"筹码"。所以被绑架的中小学生可以利用犯罪分子的这种虚弱本质和心理，保护自己的生命安全。

2. 要保持冷静。这时被绑架者要清醒的认识到一旦被劫持，自己将会遭受最危险、最残酷、最痛苦的经历。恐惧、烦躁是不能解决问题的，而冷静、理智不但有利于熬过危机时刻，而且可能找到解决问题的方法。所以，被绑架的孩子在遭绑架后，一定要保持冷静，不要大哭大喊，以免引发绑架者的恶行，危及自己的生命安全。

3. 一般情况下，不要盲目呼救或同绑匪搏斗，因为这些人多是穷凶极恶的亡命之徒。被绑架者若不权衡利弊，沉着应对，而是鲁莽地同罪犯搏斗，会引来杀身之祸。

4. 注意观察和了解周围的情况，比如地形等，以便找机会逃走。还要充分运用自己的机智，了解绑匪的目的，并认真准备绑匪可能询问的问题，以便积极应对。

5. 不要暴露出不满情绪，尽量避免与绑架者的目光对视，假装比较愚笨和迟钝，对其表现出一种顺从，这样会减少绑架者的注意，赢得其信任，使其放松戒备和警惕，从而制造机会逃走。可以考虑迎合绑匪的心理与他交谈，试着与他建立某种缓和的关系，以缓和气氛，使其不至于伤害自己。

6. 有条件时，可以根据自己的实际优势和身体情况，争取获释。例如，可以向绑匪申明大义，说明未成年人是无辜的，受未成年人保护法的保护，规劝其放弃犯罪。这对那些第一次绑架他人者有时是有效的。

7. 要努力记住绑架事件的各种具体而详细的情节，尤其是要牢记绑架者的某些主要的而且容易辨认的特征，如性别、年龄、身高、胖瘦、衣着、脸型、发型、口音、黑痣、脸上有无疤痕，或四肢是否残疾等（如果可能的话，全部记住最好，若不能全部记住，也要记住其中部分特征），并及时向公安部门等提供线索，为谈判、营救和警方破案提供有用的线索和依据。如果是多人作案，还应留意其相互之间的称呼、对话、暗号等。

8. 利用一切可以利用的机会，向亲人透露你所处的地点或行踪。例如在电话中巧妙地告知或拖延通话时间，以便公安机关查知犯罪分子藏身的地点。

应做到准确及时报警

报警，就是在发生灾害或偷盗、抢劫等案件时，及时、准确地向消防部门、公安机关报告，提供准确信息，请求给予帮助。俗话说，"报警早，损失少"。发生火灾时如能及时、迅速、准确地报警，消防人员便能尽早赶到现场扑救，迅速消除火源，制止火势蔓延，从而减轻损失；发生偷盗、抢劫等案件时如能及时、迅速、准确地报警，公安人员就可马上采取措施，勘查现场，获取线索，部署力量，围堵案犯，及时破案，打击犯罪，追回赃物。

究竟应该怎样报警呢？不同的警情有不同的报警方法，同样的警情发生在不同的地方也因客观条件的不同而有不尽相同的报警方法。

苏州市消防支队防火处何处长介绍说：迅速准确地报火警，是灭火消灾的关键。发生火灾的家庭、单位若有电话，或者火灾现场附近有电话的，应该用电话拨打"119"台报火警。如果使用报警的电话是内线，别忘记先拨外线号码（一般是"0"），待外线接通后，再拨"119"。如果是不能自动拨外线的电话，应请总机话务员转接外线，然后再拨"119"。

使用电话报火警时，要保持头脑清醒，沉着镇定，拨准电话号码。接通"119"后，说话要清楚，速度稍慢一点，咬音吐字要准确，能讲普通话的尽可能讲普通话。

报警的内容必须清楚明白：火灾发生的地点（哪个区或者哪个乡镇、哪条街道、哪个胡同以及门牌号码，或者是哪个村、哪个组）；火势的大小；燃烧的是什么东西；这些都要讲得准确、详细。失火的地点、位置如报得不详细，消防车辆和人员就不能尽快地赶到现场；火势大小和燃烧的东西不同，消防灭火所需的器材也不同。报警时讲明这些情况，有利于消防队及时有效地调集人员、器材、车辆，迅速出动。

如果火警台值班的消防人员向你询问有关其他情况，应该准确、简要地一一回答。只有等到值班人员说"好了，知道了"，或者说"消防车去了"，才可挂断电话。接着应该马上派人或自己去主要路口等候消防车的到来。

在火灾现场或者附近都没有电话的情况下，应骑自行车或者跑到公路边去拦乘汽车，赶到有电话的地方去打电话报火警，或者直接到当地消防队去报火警。当然，在火灾刚发生、火势不大的情况下，可以先向附近群众（邻居）求援，请他们帮助救火，然后再向消防队报警。这样，可以控制火势蔓延，减少损失。

这里需要说明一下：国家规定，消防队救火是不向失火的人家和单位收费的。因此，一旦发生火灾，不要有顾虑，应抓紧时间报警。

发生了偷盗、抢劫等案件，请打"110"电话报警。近几年，全国不少城市的公安机关都设立了"110"报警台，接受社会上偷盗、抢劫、凶杀等案件的被害人或知情者报警。

在拨通"110"报警电话后，应该清楚地报告案件发生的时间、地点和财物损失等情况。如果发生的是抢劫、凶杀案件，还要说明被害人有无受伤和抢劫犯的体貌特征、作案用具等情况，以便公安机关组织力量追缉案犯。如果没有电话，应尽快赶到当地派出所去报警，或者报告学校，由校方向公安机关报警。

报警后，要保护好案件发生的现场，不要让他人随意进入发案场地内，为公安人员前来勘查现场，获取破案线索提供条件。

"110"报警台还接受其他事故（如幼儿走失等）的报警。

公安部门还设立了"120"号电话，专为在家或在外的突发重病患者和重伤事故提供及时救援。拨打"120"报警台也应口齿清楚地报告自己的姓名、伤病员姓名及其所在地址和病情、伤势，以便救护车及时到达。

"119"、"110"、"120"3种报警台竭诚为广大群众提供无私的紧急救援。但是，严禁向上述3台谎报信息或开恶作剧的玩笑。否则，一经查明，必受严惩。

发生地震应如何自救

地震是一种经常发生的灾害性自然现象，一旦发生强烈地震，就会引起房屋倒塌、堤库决口、火车脱轨、道路陷裂以及水火、电气灾害和人员伤亡。但是，发生地震不要惊慌，只要我们了解了发震的原因和防震抗震的基本知识，掌握正确的应急求生方法，就可以保护自己，减轻地震造成的灾害。

1995年9月20日，发生在山东省南部的5.1级地震，建筑物基本上未受破坏，人员也没有直接伤亡，但强烈的震感却使不少人着了慌，特别是正在上课的中小学生，一时惊恐万状，蜂拥奔逃，甚至贸然跳楼，因此跌伤、踏伤、挤伤、撞伤达数百人之多。仅一县城内几所中小学的学生断腿折臂，需住医院治疗的就有60余人。

为什么地震未伤人，人却自伤？因为缺乏必要的防震抗震基本知识，精神过于紧张，防范措施不当，造成不应有的严重后果。

其实，地震不过是一种自然灾害，只要应对得当，就会把伤害降低到最低程度。地球是个巨大的球体，如果把地球从中间劈开成瓣，就会发现地球内部是由3层组成的，像鸡蛋一样。地球最外部的很薄的一层，由坚硬的石头组成的，叫地壳，好像鸡蛋的蛋壳。地球中间部分是由软石头组成的，起名叫地幔，好似鸡蛋的蛋白。地球最里边是由粥状液态物质组成的，叫做地核，就像鸡蛋的蛋黄一样。

地球在自转的同时还围绕太阳在不停地运动，地球内部的液态物质也跟着不停地运动和变化。地球内部运动中的物质会产上一股巨大的能量，在地壳比较脆弱的地方，石头就会突然发生破裂、错动，甚至会发生火山喷发现象，同时产生向四周传播的波，当波传到地表时，地面就会振动起来，这就是这个地方发生地震了。

天气变化可以准确地预报出来，但现在世界上还没有一个国家可以预报地震发生的地点、时间和震级，可是地震发生前自然界会产生一些异常现象，它能提醒我们做好防震、抗震的准备。

1. 动物异常：成百上千条蛇爬出洞来长距离迁移；成群的老鼠爬到四五米高的电话线上一动不动；动物园里老虎、狮子萎靡不振、卧地不起；家犬坐立不安、不吃不喝、狂叫不止；骡马驴牛闹圈踢槽不吃草，嘶鸣不断；鸡鸭鹅傍晚不进笼乱飞乱叫等。

2. 地下水异常：埋在地壳深处的地下水，深知地震"魔鬼"的阴谋诡计，往往能给人们许多有益的暗示。地震发生前，井水水面上升水量增大，甚至流出地面成泉水；或是井水水面下降，有时水井干枯。地下水井连续翻花冒泡，同时发出"咕噜、咕噜"的打雷声。1976 年唐山大地震之前，有的地区普通井水变成了"甜水井"，另外一些地方的饮水井变成了"苦水井"。

3. 地光和地声：地震爆发之前很短的时间时，会出现地光现象。地光在地面上有时呈现"五彩的霞光"，如同早晨日出的景色；有时呈现出"多彩的光柱"，直插夜空；也有时从地面上冒出"粉红色的光球"，短时间在黑夜中消失了。如同雷雨天的闪电，地光和地声是同时发出来的，人们先看到地光，而后再听到地声。地声有时像"一列很长的货运火车通过"一样，唔——唔——"持续一段时间；有时像"雷鸣声"，或是激烈的"枪炮声"等。

4. 人的异常感觉：在地震爆发之前，人们也会在精神上、生理上有所感觉，尤其是儿童、老人、心血管病患者，震前感觉会更加明显的食欲不振，不能入睡，坐立不安，脾气暴躁，呼吸困难，头晕眼花等。

如果地震发生了，我们怎样做才能脱离危险呢？谈到地震时脱险，在不同的地方，脱险的办法也不一样。具体讲有这样几种情况：

1. 如果你在平房里，突然发生地震，要迅速钻到床下或桌下，同时用被褥、枕头、脸盆等物护住头部，待地震间隙再及时离开住房，到安全地点避难。地震时房屋如果倒塌，你在床下或桌下千万不够移动，要等到地

震停后再逃出室外。

2. 如果你在楼房中发生了地震，不要试图跑出楼外，因为时间不允许。另外，在地震波传播时，楼体摆动大，很容易摔伤。最有效的办法是：及时躲到两个承重墙之间跨度最小的房间里如厕所、厨房等。也可躲避在桌、柜等家具下面以及房间内侧的墙角，注意保护头部。记住：不要到窗下和阳台上去躲避。

3. 如果正在上课时发生了地震，不要慌乱，更不能在室内乱跑。靠近门的同学可以跑到门外；中间的同学可及时躲到课桌下，用书包护住头部；靠墙的同学要紧靠墙根，双手护头。等到地震间隙，由老师统一指挥，有秩序地疏散到室外。

4. 如果已经离开房间，千万不要地震一停就立即回屋取衣物。因为第一次地震后，接着会发生余震，余震对人的威胁会更大。第一次地震后，各种建筑物也许被震损或局部震塌，而余震之后通常是大规模的倒塌。

5. 如果在公共场所发生地震，不能惊慌乱跑。可以随机应变躲到就近较安全的地方如椅子间、舞台下、乐池和桌柜下。

6. 如果在街上发生地震，绝对不能跑进建筑物中避险。也不要在狭窄的胡同、高楼下、悬壁、桥头等危险地段停留。

如果不幸在地震后被埋在了建筑物中，应该怎么办呢？大家要记住以下几点：

1. 鼓起求生的勇气，消除恐惧心理，能够自我离开险境的，应尽快设法脱离险境。

2. 不能自我脱险时，先设法将手脚挣脱出来，清除压在自己身上的物体，特别是腹部以上的物体，等待救援。

3. 用毛巾、衣服捂住口鼻，防止烟尘窒息，保持呼吸通畅。

4. 注意保存体力，不可以大声呼救，除非听到外面有人营救。可以用石块敲击物体，以引起人们的注意。

5. 尽可能减少体力消耗，在可以活动的空间里，设法寻找食品和水，创造生存条件，等待救援。

应学会防范大风灾害

我国的台湾省和东南沿海各省都会受到热带风暴的侵害。热带风暴经过的地区和海域，往往带来狂风、暴雨、巨浪，它对海上作业的船只、石油钻井平台、近海养殖业和陆地上的建筑物、交通线、农田、果林等，具有很大的破坏力，是一种常见的灾害性天气现象。

在热带风暴来临前，同学们帮助家长好防范准备。

1. 住房屋顶要加固，门窗要关好。放在院内的轻小物品，容易被大风刮走伤人，要搬进室内或拴紧、加固。

2. 疏通院内泄水通道和排水沟渠，保证流水通畅，院内不积水。

3. 固牢室外电线，要远离树木、竹林和晒衣铁线，避免短路起火或漏电伤人。检查室内电器设备是否失灵，出现问题及时解决。

4. 备好食品、饮用水、蜡烛、火柴和手电筒，准备急救药品、雨具等，预防不测。

5. 家在山区的住户应查看山势，采取措施，避免遭崩坍、滑坡、泥石流的侵害。住房若在河谷附近，要暂时移迁，防止洪水袭击。

热带风暴到来了，应该如何注意安全呢？

1. 尽可能呆在屋里，不轻易外出；室外的行人，要尽快回到屋里，因室外有飞落物容易砸伤人。

2. 雷雨交加时，要拔下电器插头和电视机天线。如果有电线断开掉落、电源中断等情况，应该通知有关部门检修，绝对不能用手去触摸，以防触电。

3. 如果出现屋顶被吹走、室内电线短路着火、门窗被刮掉等紧急情况，首先是及时断电灭火，再去处理其他问题；如果一时不易解决的话，要尽可能快速转移到其他房屋里。

4. 当出现洪水漫溢、山体崩坍、海水浪大等现象，危及住房安全时，应果断地搬迁到安全地方。

5. 随时收听天气预报广播，掌握热带风暴变化动态，要相应地安排预防措施。

　　热带风暴过后，还应该注意卫生防疫工作。曾经发生过这样一件事儿：福建沿海一个小山村，二十几户一百来口人，热带风暴袭击 4 个多小时，没有伤一个人。狂风暴雨过后的第二天，却有 20 余人上吐下泻，被送进了医院进行抢救。经过县卫生部门检查，是由于吃了发霉食品和饮用了被污染的水造成的，所以，热带风暴过后还要注意卫生防疫。

　　1. 食品和饮用水要经卫生部门检查再用。

　　2. 院内积水要清除，淋湿的物品要通风、晾晒。

　　3. 屋里、院内清扫完了，要喷洒消毒药物，防止发生传染病。

　　4. 如果有人得了传染病，要赶快送进医院隔离医治。

　　除了热带风暴，我国还有一种常见的灾害性大风，那就是龙卷风。龙卷风是一种威力十分强大的旋风，样子很像一个巨大的漏斗或大象的鼻子，从乌云中伸向地面。

　　龙卷风往往来得非常迅速而突然，并伴有巨大的轰鸣声。龙卷风的风速快达每秒 100 多米，甚至超过每秒 200 米。虽然它的范围很小，但破坏力却很大。这是因为龙卷风内部的空气很稀薄，压力很低，像一只巨大的吸尘器，可以把沿途的沙石、海中的鱼类、粮仓里的粮食等吸到它的"漏斗"里，直到旋风的势力减弱变小或随龙卷风外侧的下沉气流下沉时，再把吸来的东西抛下来。因此，龙卷风对人、畜、树木、房屋等人民生命财产均有很大的威胁。

　　龙卷风多发生在春季。如果发现了龙卷风，可采取以下办法躲避。

　　1. 龙卷风的内部气压很低，因此龙卷风经过时，会使紧闭门窗的房屋产生极大的气压差（内大外小），从而使房屋的屋顶和四壁受到一个由里向外的巨大作用力。这种突然施加的内力会把屋顶掀掉，四壁倒塌，所以，当龙卷风袭来时，应打开门窗，使得房子内外的气压很快得到平衡，并面向墙壁。

　　2. 龙卷风在移行时，接地的漏斗状云柱上部往往向龙卷风前进方向倾斜，因此在野外遇到这种情况，应迅速向龙卷风前进的相反方向或垂直方向回避。

　　3. 如龙卷风已经到了眼前，要找低洼处趴在地上，合上眼睛，闭紧嘴，两手上合两臂抱头，防止被飞来物砸伤。

4. 汽车遇龙卷风，几乎没有抵御能力。如果乘车时遇龙卷风，应该立即下车躲避。

遇到暴雨洪水的自救

自然界中的雨五花八门，各式各样，有灰蒙蒙的毛毛雨，有连绵不断的连阴雨，还有倾盆而下的雷阵雨……在一个地区，如果短时间降了大暴雨，河水会上涨特别快，很容易漫过堤坝，淹没农田、村庄，冲毁道路和房屋，使许多人无家可归。这就是暴雨造成的"洪水灾害"。

洪水发生了，应该如何自救呢？

1. 洪水来了，按照预定路线转移、避难，注意扶老携幼，相互帮助。如果洪水来得太快，已经无法步行转移了，要使用事先备好的船只或门板、木床等漂浮物，做水上转移的工具。

2. 当洪水来得很快，大水已经进屋了，要急速爬上屋顶、墙头或就近的大树上，暂时避难，等待救护人员转移。不能单身游水转移。

3. 土墙、干打垒住房或泥缝砖墙住房，只能做暂时避难场所，因为经水一泡，它们随时会有坍塌的危险。

4. 假如没有大树、院墙，屋顶又一时爬不上去，此刻应抓住固定物不放，并呼救他人搭救脱险。

洪水过后还应该预防疾病流行。具体措施如下：

1. 清除积水、秽物，通风晾晒，喷洒消毒药剂，预防传染病及蚊蝇滋生。

2. 服用预防药物，避免发生传染疾病。如果发生传染病例，必须进行了隔离治疗。

3. 家用生活器具要清洗、消毒，湿、霉的物体要通风、晾晒。

居住在山区的同学，还应该防范山洪暴发带来的伤害。如果山区普降大雨，在半小时之内就会暴发山洪。山洪来势快、流速大、冲刷能力强，具有很大的破坏力，会给山区造成严重灾害。

1. 暴发山洪，过河要有老师护送。当水深超过膝盖，单身不能过河；当水流已达齐腰深度时，众人也绝不能过河。如果发生被河水冲倒的意外

198

现象，头脑要清醒，想办法抓住河中漂浮物或岸边树根、树杈才有可能脱险。

2. 当山洪涨水很快，老师又不能护送过河，同学们应全部回学校留宿。

3. 暑假在山上割草、锄地，遇倾盆大雨，进山洞等处避雨时，要预防滑坡、滚石和坍塌现象的发生。

4. 在雷雨天气里，河谷涨水很快，同学们应向高处转移。但不能停留在大树下，也不能跑到山岗的顶部。以避免雷击伤害。

5. 如果发生电线低垂，不能用手、身体接触；低垂电线已被河水冲打时，不能在河边停留，更不能在此过河。

6. 当水深小于 1 米，水势涨落不太明显，几个小学生必须急着过河时，可由老师组织并采取如下措施：用长绳或书包带、水壶带系住每人腰部，呈一字排开．手与手之间要拉紧，同水流方向斜着过河，减小水流阻力。

当山区发生暴雨洪水时，有时还会同时产生泥石流。如果暴发了泥石流，山谷中所有石、砂、土、果树及建筑物、居民点等，会全部被推出山谷以外，在沟口堆积起来，整个山谷成了"光板青石"，破坏力极大。如果发生了泥石流，我们应如何自救呢？

1. 泥石流与暴雨洪水结伴儿而生。当暴雨到来之前。居住的山沟有可能暴发泥石流，应搬迁到安全地点暂时避难。

2. 暴发泥石流是由沟顶开始的，发出的响声好像"轰……轰……"的打炮声。白天或者黑夜．在屋里避雨时．只要听到这种声音，要迅速跑到室外向山顶转移。

3. 暴发泥石流时间很短，只能扶老携幼轻装转移，来不及寻找和携带食品、饮料。

4. 转移路线应事前选定．清除沿途的障碍物，避免急速上山时，浮石、滑坡伤人。同时要防雷击、电线伤人。